21 世纪高职高专"十三五"精品规划教材

U0324474

化工单元操作实训
项目教程

主　编　侯党社　孙艳萍
副主编　蒋　绪

天津大学出版社
TIANJIN UNIVERSITY PRESS

图书在版编目（CIP）数据

化工单元操作实训项目教程/侯党社，孙艳萍主编.
—天津：天津大学出版社，2017.6
21世纪高职高专"十三五"精品规划教材
ISBN 978-7-5618-5879-0

Ⅰ．①化…　Ⅱ．①侯…　②孙…　Ⅲ．①化工单元操作
—高等职业教育—教材　Ⅳ．①TQ02

中国版本图书馆CIP数据核字（2017）第158256号

出版发行	天津大学出版社
地　　址	天津市卫津路92号天津大学内（邮编：300072）
电　　话	发行部：022-27403647
网　　址	publish.tju.edu.cn
印　　刷	北京京华虎彩印刷有限公司
经　　销	全国各地新华书店
开　　本	185mm×260mm
印　　张	13.25
字　　数	331千
版　　次	2017年6月第1版
印　　次	2017年6月第1次
定　　价	32.00元

教材编写委员会

主　任　赵云龙　侯党社
副主任　孙艳萍　蒋　绪
委　员　王　莹　张　娟　林联君　许凯朋　王晓霞　李　祯
　　　　于芳蕾　于　雪　高　燕　高　茜　刘　畅　魏　静

前　言

　　《化工单元操作实训项目教程》是按照化工单元操作技术课程实践教学的要求，结合多年实践经验编写的，适用于高职院校石油化工技术、应用化工技术、精细化学品生产技术、油气储运技术等专业的实践教学，也可供从事化工生产技术的相关人员参考。

　　本书以化工单元操作实训为主线，以项目导向、任务驱动为原则，采用过程认识、仿真操作、实际操作的整体思路组织编写。每个项目以任务导入、任务分析、知识链接、任务计划与实施和任务评价五个步骤来完成具体的任务。教材注重与生产实际结合，突出"实用、实际、实践"的高职特色，注重培养学生的实践能力、自主学习和团队合作能力以及发现问题、分析问题和解决问题的能力。

　　本书包括流体输送、传热、精馏、吸收-解吸、萃取、干燥六个项目，每个项目任务基本由过程认识、仿真操作、实际操作等部分构成，并在实训操作中渗透安全生产的相关内容，每个项目还配有相应的思考题。过程认识部分主要通过典型的项目任务来链接各单元操作的基本原理，典型设备的结构、组成、特点及工艺流程；仿真操作和实际操作主要通过典型的单元操作任务，让学生完成各单元操作的开车准备、冷态开车、正常操作、正常停车和故障处理；安全生产的相关内容阐述了实训过程中的安全隐患和防护措施；思考题可供实训者进行自我检测；附录给出了实训过程中的相关参数数据，以便读者查阅。本书的符号和计量单位执行国家标准（GB 3100—1993、GB 3101—1993、GB 3102—1993）。

　　本书由咸阳职业技术学院的侯党社、孙艳萍主编，绪论由咸阳职业技术学院的侯党社、孙艳萍编写；项目一由咸阳职业技术学院的蒋绪编写；项目二由咸阳职业技术学院的林联君编写；项目三由咸阳职业技术学院的王莹编写；项目四由咸阳职业技术学院的张娟编写；项目五由西北工业学校的许凯朋编写；项目六由咸阳职业技术学院的孙艳萍编写；附录由咸阳职业技术学院的蒋绪、孙艳萍编写。全书由侯党社、孙艳萍、蒋绪统一修改定稿。陕西渭河煤化工集团有限责任公司的刘畅和西安秦华天然气有限公司的魏静依据行业对技术人才的要求对本书的编写提出了很好的建议，北京东方仿真控制技术有限公司对本书的编写给予了大力的技术支持。西北大学化工学院院长马晓迅教授担任本书的主审，给书稿提出了宝贵的修改意见，在此表示衷心的感谢。

　　由于编者水平有限，书中难免有不妥之处，敬请读者批评指正。

编者
2017 年 4 月

目　　录

绪　　论

一、本课程的教学目标

《化工单元操作实训项目教程》的项目任务真实再现了化工生产过程中的现象，揭示了化工生产中各单元操作的客观规律，旨在通过项目认识、实训操作、现象观察、数据分析达到以下目的。

（1）使学生加深理解和巩固化工生产中各单元操作的基本理论知识，理论联系实际，增强工程观念。

（2）使学生了解典型化工设备的结构、特点及工作原理，熟悉相应单元的工艺流程及常用测量仪表的使用方法，熟悉工程数据的采集和处理方法。

（3）使学生掌握各化工单元的开停车方法，会处理生产过程中的典型故障。针对实际过程中遇到的各类操作性问题，学习操作与调节的基本方法，提高操作技能。

（4）通过对操作中遇见的问题的思考、故障的排除及数据处理结果的分析，初步培养学生解决一般工程技术问题的能力，并增强其安全生产观念。

二、本课程的学习要求

《化工单元操作实训项目教程》中的各个项目任务均具有明显的工程特点，各实训装置均较为复杂且设置了一些测量仪表和传感系统。因此，实训前的预习工作尤其重要。预习工作应按照以下要求进行：

（1）认真阅读本教程中相应项目任务的有关基础知识，了解项目任务的要求和目标；

（2）在实训前应到实训室进行现场预习，并根据实训项目情况写预习报告，没有预习报告不得参加实训；

（3）要对照具体的实训装置摸清装置流程、测试点及操作控制点的位置，对某些较精密的仪器要仔细阅读其使用说明书；

（4）预先安排 5~6 人的项目实施小组，并安排小组长，以便统一指挥、全组协调一致。

三、本课程的实施规范

（1）学生进入教学场地后，必须经教师提问考查达到预习要求方可参加教学活动。

（2）教学实施过程应严格按操作规程（开停车步骤）进行。某些重要阀门的开启、闭合的顺序不可颠倒。不得随意开、关某个阀门或按某个按钮。操作准备工作完成后需经教师检查，得到允许后方能启动设备。

（3）在项目任务实施过程中要注意分工配合，严守自己的岗位，始终关注整个实施过程的进行，随时观察仪表指示情况（防止各指标超出量程），保证设备在稳定条件下运行。

（4）发现设备或仪表出现问题应立即按步骤停车，并报告指导教师。

（5）工作任务计划与实施表、工作任务评价单及原始数据记录交指导教师审阅并签字后方可离开教学场所。

四、操作数据的收集、整理和分析

操作数据有实验数据、操作现场数据、生产记录数据和工艺实验数据等，这里仅以实验数据为例。

1．确定要测取的数据

凡对实验结果有影响的或在整理实验数据时需要的参数都要测取，包括大气条件（温度、压力等）、设备相关尺寸、物料性质、操作数据等。凡可以由某一数据导出或从手册中查出的数据不必测取，如水的密度、黏度可以查手册获得。

2．实验数据的读取与记录

（1）拟好记录表格，写明序号，物理量的名称、符号和单位，检查有无遗漏。

（2）考虑好量程范围内实验点的布置，一般实验点越多，最终计算结果的误差可能越小，故应该尽量多布置实验点。

（3）一定要在操作达到稳定状态（参数恒定）后才可读取实验数据。变更条件后各参数需要一段时间才能过渡到稳定状态，因此要等操作稳定后读取实验数据才能获得正确的结果。

（4）在稳定的同一条件下，不同参数最好几个人配合同时读取、记录。

（5）一个实验点的数据要多次读取、记录（至少两次，取平均值）。

（6）读取的实验数据要视需要以及仪表的精度来记录，一般读至仪表最小分度的下一位数，这位数为估计值，不可使读数超过仪器的精度。

3．实验数据的整理

（1）将计算结果等列表，并附计算举例一则，以便检查。注意实验数据可整理，但不可修改，必要时可舍去不正确的数据。

（2）在运算中尽量用常数归纳法，例如要计算不同 u 值下的 Re，有计算式 $Re = du\rho / \mu$。显然 d、μ、ρ 不变，可归纳出 $d\rho / \mu$（称为计算因子或计算因数）为常数，先算出此值，再乘以不同的 u 值即得到不同 u 值下的 Re。

（3）数据的标绘。在实验中测得了一批体现变量之间关系的数据，需要比较清晰地表示其变化规律，通常有三种表示方法：表格、图形、方程。一般将整理的数据在坐标纸上绘成图形，这样不仅可以明显地看出数据之间的变化规律，而且可以根据图形整理出数据之间的关系式。进行数据归纳绘图也可以使用计算机辅助软件，如 Excel、Origin 等。

常用的坐标有直角坐标、半对数坐标和双对数坐标。应根据数据之间的关系式或预计的函数形式选择不同的坐标，比如线性函数（$y = ax + b$）采用直角坐标；指数函数（$y = ne^{ax}$）采用半对数坐标；幂函数（$y = ax^m$）采用双对数坐标。化工单元操作中变量的关系常可用幂函数表示，因此数据的标绘常在双对数坐标纸上进行。这是因为幂函数（$y=ax^m$）在直角坐标系中是一条曲线，而在双对数坐标系中是一条直线，即采用双对数坐标可使图形线性化（直线最易标绘）。

对幂函数 $y=ax^m$ 两边取对数，则得到 $\lg y = m\lg x + \lg a$，令 $Y=\lg y$，$X=\lg x$，$A=\lg a$，则上式变为 $Y=mX+A$，为直线方程，在普通坐标纸上标绘为一条直线，斜率为

$$m=\frac{Y_2-Y_1}{X_2-X_1}=\frac{\lg y_2-\lg y_1}{\lg x_2-\lg x_1}$$

截距为 $X=0$ 处的纵轴读数 A，由此可求出常数 $a=10^A$。

用上述这种先取对数、后标绘的方法虽然也能绘制出一条直线，但较为烦琐。可以将坐标的标度取对数（即采用双对数坐标），使得原来的数据标上之后，数据间的相对位置与先取对数、后在普通坐标纸上标绘的结果相同。

双对数坐标有如下几个特点，使用时需特别注意。

（1）标在双对数坐标轴上的数值是真数（x，y），不是对数（X，Y）。

（2）坐标系的原点为（1，1），而不是（0，0），因 $\lg 1=0$（$\lg x=X$）。

（3）因为 0.01、0.1、1、10、100 等的对数分别为–2、–1、0、1、2 等，所以在双对数坐标纸上不同数量级的距离都相等。

（4）直线斜率 m 的求取不能采用普通坐标所用的计算法，因为双对数坐标轴上标度的数值不是对数，而是真数。双对数坐标系中直线的斜率需用对数来求算，或直接用尺子在图上量取线段长度求取，如

$$m=\frac{Y_2-Y_1}{X_2-X_1}=\frac{\lg y_2-\lg y_1}{\lg x_2-\lg x_1}=\frac{竖直线长度}{水平线长度}$$

（5）常数 a 在双对数坐标系中为所作的直线与纵轴 $x=1$ 的交点的纵坐标 y 值。可在求得斜率 m 后，在所作的直线上任取一组（x，y）代入 $y=ax^m$ 中求出常数 a。

流 体 输 送 操 作

知识与技能目标

1. 掌握流体的基本概念和流体流动现象；
2. 了解流体流动的形态及其判定依据；
3. 掌握流体的流量、流速的测量方法并熟悉其设备；
4. 掌握管路的基本组成，并能对其进行合理布置与安装；
5. 熟悉典型的流体输送机械，理解其内部结构及工作原理，会对其进行操作；
6. 掌握不同的流体输送方式，能根据不同输送对象进行合理选择；
7. 能对实训过程中的故障进行处理，能对流体流动阻力、流体输送机械的主要参数进行计算。

任务一　认识流体输送

◆ 任务导入

陕西某炼油企业用直径 120 mm 的钢管将原油送入储油罐中，要求输送量为 60～100 m³/h，原油由储油罐底部进入，罐中液位距地面 25 m，管路总长度为 80 m，请设计一台合适的泵，并确定其安装高度。

◆ 任务分析

完成流体输送过程必须借助管路和流体输送机械。管路相当于人体内的血管，为血液的循环流动提供通道，而流体输送机械相当于人的心脏，为血液流动提供能量和推动力，这两者缺一不可。所以，要完成流体输送的任务，必须了解管路的组成，了解流体输送机械的工作原理，能够针对不同的工作任务选择不同类型、不同尺寸的管路，选择适当的流体输送机械，并能够对管路进行合理布置与安装。

◆ 知识链接

在化工生产中，所处理的原料和生成的产品大多是流体，在对这些原料和产品进行加工、处理、收集等的过程中，需要将其从一台设备输送至另一台设备，从上一道工序输送到下一道工序，这一过程就是流体输送。流体输送是常见的化工单元操作之一，例如在炼油过程中，需将开采后的原油输送至原油储罐，再将其送往炼油企业，经加工处理得到汽油、柴油等成品后还需将其送往不同的储罐，最后送至应用场所；再比如开采出的天然气经处理后将送至各城市使用，这就需要学习流体在流动过程中的基本规律和流体输送所用的机械等。

一、基市理论

（一）流体流动现象

根据流体在管路系统中流动时各种参数的变化情况，可以将流体流动分为定态流动和非定态流动：若流动系统中各物理量的大小仅随位置变化、不随时间变化，则为定态流动；若流动系统中各物理量的大小不仅随位置变化，而且随时间变化，则为非定态流动。如无特殊说明，以下均讨论定态流动过程。

（二）流体的黏度

1. 黏性

流体流动时，流体质点间存在相互吸引力，截面上各点的流速并不相等，即内部存在相对运动，当某质点以一定的速度向前运动时，与之相邻的质点会对其产生一个约束力阻碍其运动，这种流体质点间的相互约束力称为内摩擦力。流体流动时为克服内摩擦力需消耗能量。流体流动时产生内摩擦力的性质称为流体的黏性。

黏性是流体的固有属性，无论是静止流体还是流动流体，都具有黏性。黏性大的流体流动性差，黏性小的流体流动性好。

2. 黏度

黏度（μ）是表征流体黏性大小的物理量，法定计量单位是 Pa·s。

液体的黏度随温度升高而减小，气体的黏度随温度升高而增大。压力变化时，液体的黏度基本不变，气体的黏度随压力增大而增大。

（三）流体流动形态

流体流动时，因流动条件不同会出现两种不同的流动形态——层流和湍流。

流体质点沿管轴方向作直线运动，分层流动，称为层流，又称滞流，此时其速度分布曲线呈抛物线形，管中心处速度最大。

流体质点除沿轴线方向作主体流动外，还在各个方向上剧烈地随机运动，这种流动形态称为湍流，又称素流，此时其速度分布曲线呈不严格的抛物线形，管中心附近速度分布较均匀。工程上遇到的管内流体的流动大多为湍流。

流体流动的形态用雷诺数（Re）判断。

$$Re = \frac{du\rho}{\mu} \tag{1-1}$$

雷诺数（Re）无单位，其大小反映了流体的湍动程度，Re 越大，流体流动湍动性越强。一般情况下，若 $Re<2\,000$，流动为层流；若 $Re>4\,000$，流动为湍流；Re 在 2 000～4 000 的范围内，流动处于过渡状态，可能是层流也可能是湍流。

（四）伯努利方程

如图 1-1 所示，不可压缩流体在系统中作定态流动，被泵从截面 1—1′输送到截面 2—2′。若以截面 0—0′为基准水平面，两个截面距基准水平面的竖直距离分别为 z_1、z_2，两截面

处的流速分别为 u_1、u_2，两截面处的压力分别为 p_1、p_2，流体的密度为 ρ，单位质量流体从泵所获得的外加功为 W_e，从截面 1—1′ 到截面 2—2′ 的全部能量损失为 $\sum h_f$，则根据能量守恒定律有

$$gz_1+\frac{p_1}{\rho}+\frac{1}{2}u_1^2+W_e=gz_2+\frac{p_2}{\rho}+\frac{1}{2}u_2^2+\sum h_f \qquad (1\text{-}2)$$

式中　gz_1、$\frac{1}{2}u_1^2$、$\frac{p_1}{\rho}$——流体在截面 1—1′ 上的位能、动能、静压能，J/kg；

　　　　gz_2、$\frac{1}{2}u_2^2$、$\frac{p_2}{\rho}$——流体在截面 2—2′ 上的位能、动能、静压能，J/kg。

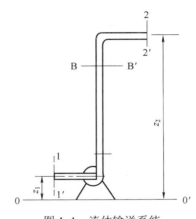

图 1-1　流体输送系统

式（1-2）为流体的伯努利方程，是以单位质量流体为计算基准的，式中各项单位均为 J/kg。它反映了流体流动过程中能量的转化和守恒规律。

通常将无黏性、无压缩性、流动时无流动阻力的流体称为理想流体。当流动系统中无外加功加入时（即 $W_e=0$），有

$$gz_1+\frac{1}{2}u_1^2+\frac{p_1}{\rho}=gz_2+\frac{1}{2}u_2^2+\frac{p_2}{\rho} \qquad (1\text{-}3)$$

式（1-3）为理想流体的伯努利方程，说明理想流体稳定流动时，各截面上所具有的总机械能相等，为一常数，但每一种形式的机械能不一定相等，各种形式的机械能可以相互转换。

将以单位质量流体为计算基准的伯努利方程中的各项除以 g，可得

$$z_1+\frac{p_1}{\rho g}+\frac{u_1^2}{2g}+\frac{W_e}{g}=z_2+\frac{p_2}{\rho g}+\frac{u_2^2}{2g}+\frac{\sum h_f}{g}$$

令

$$H_e=\frac{W_e}{g}$$

$$H_f=\frac{\sum h_f}{g}$$

则

$$z_1 + \frac{p_1}{\rho g} + \frac{u_1^2}{2g} + H_e = z_2 + \frac{p_2}{\rho g} + \frac{u_2^2}{2g} + H_f \qquad (1\text{-}4)$$

式中　z、$\dfrac{u^2}{2g}$、$\dfrac{p}{\rho g}$——位压头、动压头、静压头，即单位重量（1 N）流体所具有的机械

能，m；

H_e——有效压头，即单位重量流体在截面 1—1′ 与截面 2—2′ 间所获得的外加功，m；

H_f——压头损失，即单位重量流体从截面 1—1′ 到截面 2—2′ 的能量损失，m。

上式为以单位重量流体为计算基准的伯努利方程，式中各项均表示单位重量流体所具有的能量，单位为 J/N（m），其物理意义是单位重量流体所具有的机械能把其从基准水平面升举的高度。

（五）流体流动阻力

1. 直管阻力

1）范宁公式

直管阻力也叫沿程阻力，指流体在直管内流动时所受到的阻力。直管阻力通常由范宁公式计算，其表达式为

$$h_f = \lambda \frac{l}{d} \frac{u^2}{2} \qquad (1\text{-}5)$$

式中　h_f——直管阻力，J/kg；

λ——摩擦系数，也称摩擦因数，无量纲；

l——直管的长度，m；

d——直管的内径，m；

u——流体在管内的流速，m/s。

2）管壁粗糙度

工业生产中所使用的管道按其材料的性质和加工情况大致可分为光滑管与粗糙管。通常把玻璃管、铜管和塑料管等列为光滑管，把钢管和铸铁管等列为粗糙管。粗糙度可分为绝对粗糙度和相对粗糙度：绝对粗糙度是管壁突出部分的平均高度；相对粗糙度是绝对粗糙度与管道内径的比值，即 ε/d。

3）摩擦系数

流体作层流流动时，管壁上凹凸不平的地方都被有规则的流体层所覆盖，λ 与 ε/d 无关，摩擦系数 λ 只是雷诺数的函数。

$$\lambda = \frac{64}{Re} \qquad (1\text{-}6)$$

将 $\lambda = \dfrac{64}{Re}$ 代入范宁公式，则

$$h_f = 32\frac{\mu u l}{\rho d^2} \tag{1-7}$$

上式为哈根-伯稷叶方程，是流体在圆直管内作层流流动时的阻力计算式。

由于湍流时流体质点运动情况比较复杂，目前还不能完全用理论分析方法得到湍流时摩擦系数 λ 的公式，只能通过实验测定获得经验计算式。各种经验公式均有一定的适用范围，可参阅有关资料。

2．局部阻力

局部阻力是流体流经管路中的管件、阀门及截面突然扩大、突然缩小等局部地方所产生的阻力。

流体流过管路的进口、出口、弯头、阀门、变径或流量计等处时，必然发生流速和流向的突然变化，流动受到干扰、冲击，产生旋涡并加剧湍动，使流动阻力显著增大。

3．总阻力

管路系统的总阻力等于所有直管阻力和所有局部阻力之和。

1）当量长度法

总阻力 $\sum h_f$ 的计算式为

$$\sum h_f = \lambda\frac{l+\sum l_e}{d}\frac{u^2}{2} \tag{1-8}$$

式中 $\sum l_e$ —— 管路的全部管件与阀门等的当量长度之和，m。

2）阻力系数法

总阻力的计算式为

$$\sum h_f = (\lambda\frac{l}{d}+\sum\zeta)\frac{u^2}{2} \tag{1-9}$$

式中 $\sum\zeta$ —— 管路的局部阻力系数之和。

总阻力除了以能量形式表示外，还可以用压头损失 H_f（1 N 流体的流动阻力，m）及压力降 Δp_f（1 m³ 流体的流动阻力，m）表示。它们之间的关系为

$$\sum h_f = H_f g \tag{1-10}$$

$$\Delta p_f = \rho\sum h_f = \rho H_f g \tag{1-11}$$

二、认识管路

（一）管路

管路是由管子、管件、阀门和一些附件等按配管规定构成的能够输送流体的设备。

简单管路指流体从入口到出口在一根管子中流动，并无分支与汇合的情形，整个管路内径可以相同，也可由不同内径的管子串联构成，如图 1-2 所示。复杂管路指并联管路和分支与汇合管路，如图 1-3 所示。

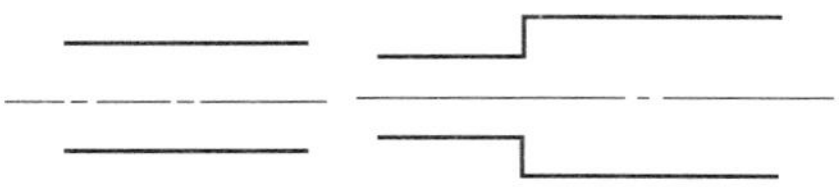

（a）　（b）

图 1-2　简单管路

（a）单一管路（等径）　（b）串联管路（变径）

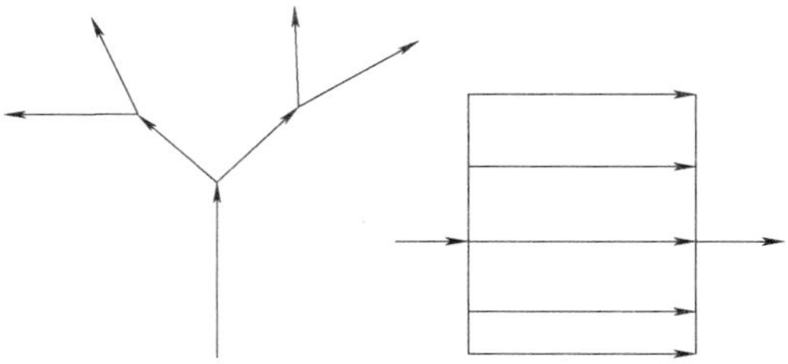

（a）　（b）

图 1-3　复杂管路

（a）分支管路　（b）并联管路

（二）管件

管件是用来连接管子以延长管路，改变管路方向或直径，形成分支、合流或封闭管路的附件的总称。最常用的管件如图 1-4 所示。

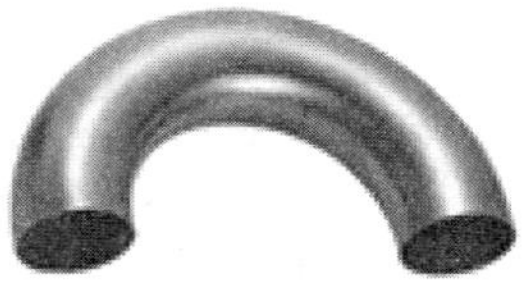

180° 回弯头

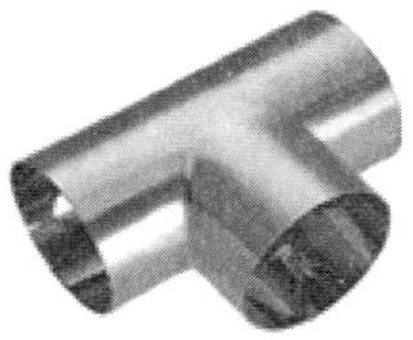

三通

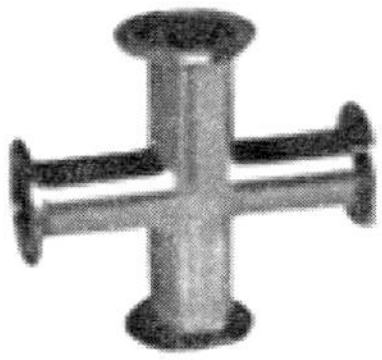

四通

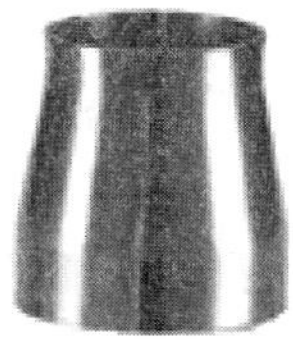

异径管

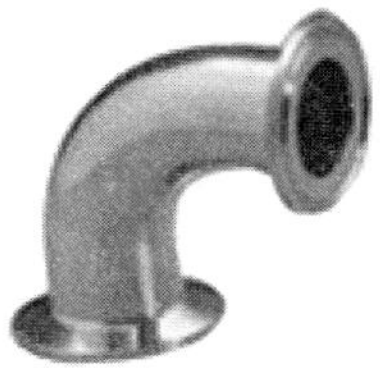

90° 弯头

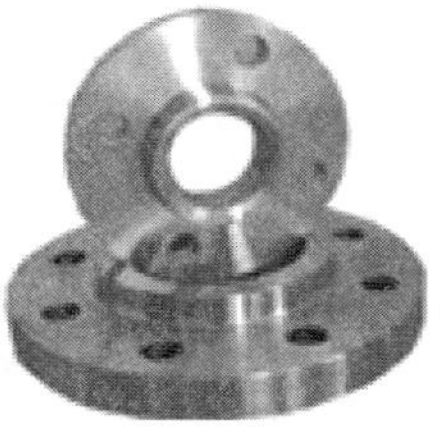

法兰

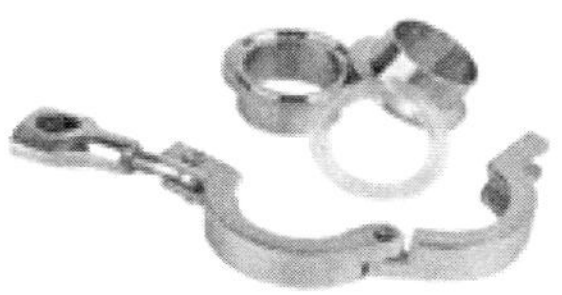

卡箍活接头

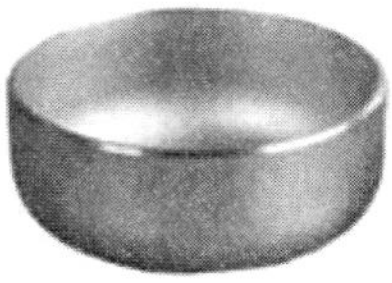

管帽

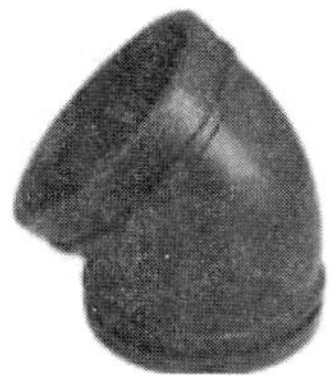

45° 弯头

图 1-4　常用管件

用以改变流向：90° 弯头、45° 弯头、180° 回弯头等。

用以封闭管路：管帽、丝堵（堵头）、盲板等。

用以连接支管：三通、四通。有时三通也用来改变流向，多余的一个通道接头用管帽或盲板封上，需要时打开再连接一根分支管。

用以改变管径：异径管、内外螺纹接头（补芯）等。

用以延长管路：管箍（束节）、螺纹短节、活接头、法兰等。法兰多用于焊接管路，活接头多用于螺纹连接管路。在闭合管路上必须设置活接头或法兰，尤其是在需要经常维修或更换的设备、阀门附近，因为这样可以就地拆开、就地连接。

（三）阀门

阀门是用来启闭管路、调节流量及确保安全的部件。通过阀门可以调节流量、系统压力及流动方向，从而确保工艺条件的实现与安全生产。化工生产中的常见阀门见表1-1。

表1-1　常见阀门

名　称	结 构 特 点	用 途
闸阀	主要部件为闸板，通过闸板的升降启闭管路。这种阀门全开时流体阻力小，全闭时较严密。如图1-5所示	多用于大直径管路中作启闭阀，在小直径管路中也有用作调节阀的。不宜用于含有固体颗粒或物料易于沉积的流体，以免造成密封面磨损和影响闸板闭合
截止阀	主要部件为阀盘与阀座，流体自下而上通过阀座，其构造比较复杂，流体阻力较大，但密闭性能与调节性能较好。如图1-6所示	不宜用于黏度大且含有易沉淀颗粒的流体
止回阀	是一种根据阀前、后的压力差自动启闭的阀门，作用是使流体只沿一定方向流动，分为升降式和旋启式两种。升降式止回阀密封性较好，但流动阻力大，旋启式止回阀用摇板来启闭。止回阀安装时应注意流体的流向与安装方向。如图1-7所示	一般适用于清洁流体
球阀	阀芯呈球状，中间有一个与管内径相近的连通孔，结构比闸阀和截止阀简单，启闭迅速，操作方便，体积小，重量小，零部件少，流体阻力也小。如图1-8所示	适用于低温、高压及黏度大的流体，但不宜用于调节流量
旋塞阀	主要部分为一个可转动的圆锥形旋塞，中间有孔，当旋塞旋转至90°时，流动通道全部封闭，需要较大的转动力矩。如图1-9所示	温度变化大时容易卡死，不能用于高压情况下
安全阀	是为了管道设备的安全保险而设置的装置，它能根据工作压力自动启闭，从而将管道设备的压力控制在安全数值以下。如图1-10所示	主要用在蒸汽锅炉及高压设备上

图1-5　闸阀

图1-6　截止阀

图1-7　止回阀

图1-8　球阀

图1-9　旋塞阀

图1-10　全启式安全阀

（四）测量仪表

1. 文丘里流量计

图1-11所示是节流式流量计的一种——文丘里流量计。文丘里流量计是利用流体流经节

流装置时产生压力差实现流量测量的。该流量计通常由能将被测流量转换成压力信号的节流元件（如孔板、喷嘴等）和测量压力差的压差计组成。它采用渐缩和渐扩管，避免了截面突然缩小和突然扩大，与其他节流元件相比大大减小了阻力损失。

为了避免流量计过长，收缩角可取得大一些，通常为 15°～25°；扩大角需取得小一些，一般为 5°～7°。

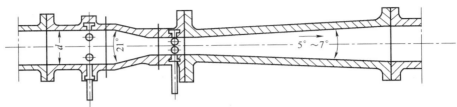

图 1-11　文丘里流量计

2.转子流量计

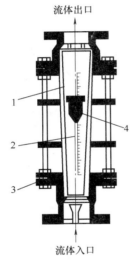

图 1-12　转子流量计

1—锥形硬质玻璃管；2—刻度；

3—突缘填函盖板；4—转子

转子流量计如图 1-12 所示。其主体是一个微呈锥形的玻璃管，锥角为 4°左右，下端截面略小于上端截面。管内有一个直径略小于玻璃管内径的转子（或称浮子），形成了一个截面积较小的环隙。转子可由不同材料制成不同形状，但其密度应大于被测流体的密度。管中无流体通过时，转子将沉至管底部。当被测流体以一定的流量通过转子流量计时，流体在环隙中的速度增大，压力减小，于是转子的上、下端面间产生了压差，转子将浮起。随着转子上浮，环隙面积逐渐增大，环隙中的流速将减小，转子两端面间的压差随之减小。当转子上浮至某一高度，转子上、下端面间的压差造成的升力恰好等于转子的重力时，转子不再上升，悬浮于该高度上。

流量增大，转子两端面间的压差也随之增大，转子在原来位置的力平衡被破坏，转子将上升至另一高度，达到新的力平衡。

3.涡轮流量计

涡轮流量计为速度式流量计，是在动量守恒原理的基础上设计的。涡轮叶片因流动流体冲击而旋转，旋转速度随流量变化而改变。通过适当的装置将涡轮转速转换成电脉冲信号，通过测量电脉冲信号，或用适当的装置将电脉冲信号转换成电压或电流输出，最终测取流量。

三、流体输送机械

（一）离心泵

1.离心泵的结构

图 1-13 是单级单吸离心泵的结构图。图中（a）为其基本结构，（b）为其在管路中的示

意图。其主要元件为叶轮、泵壳和轴封装置。

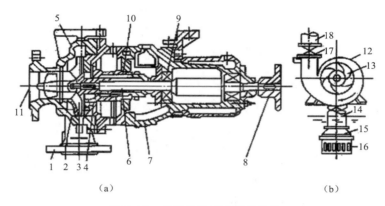

图 1-13　单级单吸离心泵的结构

（a）结构示意　（b）在管路中的示意

1—泵体；2—叶轮；3—密封环；4—轴套；5—泵盖；6—泵轴；7—托架；8—联轴器；

9—轴承；10—轴封装置；11—吸入口；12—蜗壳；13—叶片；14—吸入管；

15—底阀；16—滤网；17—调节阀；18—排出管

1）叶轮

叶轮的作用是将原动机的机械能直接传给液体，以增加液体的静压能和动能（主要增加静压能）。

叶轮一般有6～12片后弯叶片。叶轮有开式、半开式和闭式三种，如图1-14所示。

开式叶轮叶片两侧无盖板，制造简单、清洗方便，适用于输送含有较大量悬浮物的物料，效率较低，输送的液体压力不高；半开式叶轮吸入口一侧无盖板，另一侧有盖板，适用于输送易沉淀或含有颗粒的物料，效率也较低；闭式叶轮叶片两侧有前后盖板，效率高，适用于输送不含杂质的清洁液体，一般的离心泵叶轮多为此类。

叶轮后盖板上的平衡孔可以消除液体的轴向推力。离开叶轮的液体压力较高，有一部分会渗到叶轮后盖板后侧，而叶轮前侧的液体入口处为低压区，因而会产生将叶轮推向泵入口一侧的轴向推力。轴向推力容易引起叶轮与泵壳接触处磨损，严重时还会产生振动。平衡孔可使一部分高压液体泄漏到低压区，减小叶轮前后的压差，但也会引起泵效率的降低。

叶轮有单吸和双吸两种吸液方式，如图1-15所示。

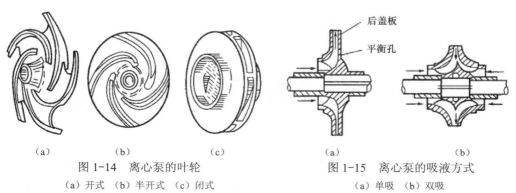

图 1-14　离心泵的叶轮　　　　图 1-15　离心泵的吸液方式

（a）开式　（b）半开式　（c）闭式　　　（a）单吸　（b）双吸

2）泵壳

泵壳的作用是将叶轮封闭在一定的空间内，以便叶轮吸入和压出液体。泵壳多做成蜗壳形，故又称蜗壳。由于流道截面逐渐扩大，从叶轮四周甩出的高速液体流速逐渐减小，使部分动能有效地转换为静压能。泵壳既能汇集由叶轮甩出的液体，又是一个能量转换装置。

3）轴封装置

轴封装置的作用是防止泵壳内的液体沿轴漏出或外界空气漏入泵壳内。常用的轴封装置有填料密封和机械密封两种。填料一般采用浸油或涂有石墨的石棉绳。机械密封主要靠装在轴上的动环与固定在泵壳上的静环作相对运动而达到密封的目的。

2．离心泵的工作原理

离心泵的叶轮安装在泵壳内，并紧固在泵轴上，泵轴由电机直接带动。液体经底阀和吸入管进入泵内，由排出管排出。

在泵启动前，将泵壳内灌满被输送的液体；启动后，叶轮由泵轴带动高速转动，叶片间的液体也随之转动。在离心力的作用下，液体从叶轮中心被抛向外缘并获得能量，高速离开叶轮外缘进入蜗壳。在蜗壳中，液体由于流道逐渐扩大而减速，又将部分动能转换为静压能，最后以较高的压力流入排出管道，被送至需要的场所。液体由叶轮中心流向外缘时，在叶轮中心形成了一定的真空，由于贮槽液面上方的压力大于泵入口处的压力，液体便被连续压入叶轮中。可见，只要叶轮连续转动，液体便会不断地被吸入和排出。

3．离心泵的性能参数和特性曲线

1）离心泵的性能参数

离心泵的性能参数是用以描述离心泵的性能的物理量。

（1）流量 Q。

流量是离心泵在单位时间内送入管路系统中的液体的体积，单位为 m^3/h、m^3/s。其与泵的结构尺寸（如叶轮的直径与叶片的宽度）、叶轮的转速以及管路特性有关。

（2）扬程 H。

扬程是离心泵向单位重量液体提供的机械能，单位为 m。离心泵的扬程取决于泵的结构（如叶轮的直径、叶片的弯曲情况等）、叶轮的转速和离心泵的流量。在指定的转速下，压头与流量之间具有确定的关系。其值由实验测得。

（3）轴功率 P。

轴功率是泵轴所需的功率，单位为 W、kW，其随设备的尺寸，流体的黏度、流量等增大而增大。

（4）效率 η。

效率是离心泵的有效功率与轴功率之比，反映离心泵能量损失的大小。离心泵的效率与泵的大小、类型、制造精密程度和所输送液体的性质、流量有关，一般小型泵的效率为 50%~70%，大型泵可达到 90%左右，此值由实验测得。

2）离心泵的特性曲线

理论及实验均表明，离心泵的扬程、功率及效率等主要性能均与流量有关。为了便于使用者更好地了解和利用离心泵的性能，常把它们与流量之间的关系用图表示出来，就是离心泵的特性曲线。

离心泵的特性曲线一般由离心泵的生产厂家提供，标绘于泵的产品说明书中，其测定条件一般是 20 ℃ 的清水，转速也固定。典型的离心泵的特性曲线如图 1-16 所示。

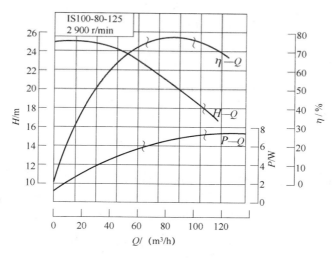

图 1-16　离心泵的特性曲线示意

（1）$H—Q$ 曲线。

该曲线表示泵的扬程与流量的关系。离心泵的扬程随流量增大而减小。

（2）$P—Q$ 曲线。

该曲线表示泵的轴功率与流量的关系。离心泵的轴功率随流量增大而增大，流量为零时轴功率最小。故离心泵启动时应关闭泵的出口阀门，使电机的启动电流减小，以保护电机。

（3）$\eta—Q$ 曲线。

该曲线表示泵的效率与流量的关系。当 $Q=0$ 时，$\eta=0$；随着流量增大，效率提高达到一个最大值；而后随流量增大效率开始下降。这说明离心泵在一定转速下有一个最高效率点，称之为设计点。离心泵在与最高效率相对应的流量及扬程下工作最为经济，所以与最高效率点对应的 Q、H、N 值为最佳工况参数。离心泵的铭牌上标出的性能参数就是该泵在最高效率点运行时的工况参数。根据输送条件的要求，离心泵往往不可能正好在最佳工况下运转，因此一般只能规定一个工作范围，称为泵的高效率区，在此范围内泵的效率通常不低于最高效率的 92%。选用离心泵时应尽可能使泵在此范围内工作。

4．离心泵的选用

离心泵的选用通常按下列步骤进行。

（1）确定离心泵的类型。

根据被输送液体的性质和操作条件确定离心泵的类型，如液体的温度、压力、黏度、腐蚀性、固体粒子含量以及是否易燃易爆等都是确定离心泵的类型的重要依据。

（2）确定输送系统的流量和扬程。

被输送液体的流量一般由生产任务规定，如果流量是变化的，应按最大流量考虑。根据管路条件及伯努利方程，确定最大流量下所需要的压头。

（3）确定离心泵的型号。

根据管路要求的流量 Q 和扬程 H 选定合适的离心泵型号。选用时应考虑操作条件的变化并留有一定的余量，使所选泵的流量与扬程比任务需要的稍大一些。如果用系列特性曲线来选，要使（Q, H）点落在泵的 H—Q 线以下，并处在高效率区。

若有几种型号的泵同时满足管路的具体要求，应选效率较高的，同时也要考虑价格。

（4）校核轴功率。

当液体的密度大于水的密度时，必须校核轴功率。

（5）列出泵在设计点处的性能，供使用时参考。

5．离心泵的安装

1）汽蚀

（1）汽蚀现象。

离心泵吸液是靠吸入液面与吸入口间的压差完成的。吸入管路越高，吸上高度越大，吸入口处的压力就越小。当吸入口处的压力小于操作条件下被输送液体的饱和蒸气压时，液体将会汽化产生气泡，含有气泡的液体进入泵体后，在旋转叶轮的作用下进入高压区，气泡在高压的作用下又会凝结为液体，由于原气泡位置的空出造成局部真空，使周围液体在高压的作用下迅速填补原气泡所占的空间。这种高速冲击频率很高，可以达到每秒几千次，冲击压力可以达到数百个大气压甚至更高，这种高强度、高频率的冲击，轻则造成叶轮疲劳，重则破坏叶轮与泵壳，甚至把叶轮打成蜂窝状。这种由于被输送液体在泵体内汽化再凝结对叶轮产生腐蚀的现象叫离心泵的汽蚀现象。

（2）汽蚀的危害。

汽蚀发生时，会产生噪声，引起振动，离心泵的流量、扬程及效率均会迅速下降，严重时甚至不能吸液。工程上规定，泵的扬程下降3%即进入了汽蚀状态。

2）离心泵的安装高度

工程上从根本上避免汽蚀现象的方法是限制泵的安装高度。避免离心泵产生汽蚀现象的最大安装高度称为离心泵的允许安装高度，也叫允许吸上高度，是泵的吸入口 1—1' 与吸入贮槽液面 0—0' 间允许达到的最大竖直距离，以符号 H_g 表示，如图 1-17 所示。假定泵在允许的最高位置上操作，以液面为基准面，列贮槽液面 0—0' 与泵的吸入口 1—1' 两截面间的伯努利方程式，可得

$$H_g = \frac{p_0 - p_1}{\rho g} - \frac{u_1^2}{2g} - \sum h_{f, 0-1} \qquad (1-12)$$

式中　H_g——允许安装高度，m；

p_0——吸入液面的压力，Pa；

p_1——吸入口允许的最低压力，Pa；

u_1——吸入口处的流速，m/s；

ρ——被输送液体的密度，kg/m^3；

$\sum h_{f, 0-1}$——流体流经吸入管的阻力损失，m。

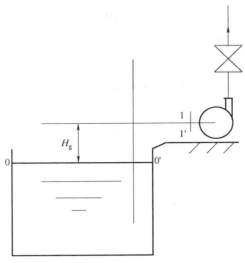

图 1-17　离心泵的允许安装高度

（二）气体输送机械

气体输送机械的结构、原理与液体输送机械大致相同，但由于气体密度远小于液体，又有压缩性，因而气体输送机械具有某些不同于液体输送机械的特点。气体输送机械可按结构和原理分为离心式、旋转式、往复式等，也可根据出口压力或者压缩比进行分类，分成通风机（出口表压力不大于 15 kPa，压缩比不大于 1.15）、鼓风机（出口表压力为 15～300 kPa，压缩比为 1.15～4）、压缩机（出口表压力不小于 300 kPa，压缩比不小于 4）和真空泵（在容器或设备内造成真空，压缩比由真空度决定）。

1. 离心式通风机

离心式通风机的工作原理与离心泵完全相同，气体被吸入通风机之后，叶轮旋转时所产生的离心力使其压力增大而排出，根据所产生的风压不同，离心式通风机分为低压、中压和高压离心式通风机。图 1-18 是离心式通风机及其叶轮的结构示意图。

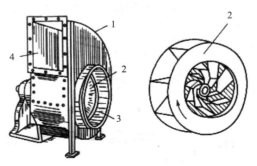

图 1-18　离心式通风机及其叶轮的结构示意
1—机壳；2—叶轮；3—吸入口；4—排出口

离心式通风机的结构和单级离心泵类似，机壳也是蜗壳形，但壳内逐渐扩大的气体通道及出口截面有矩形和圆形两种，一般低压、中压通风机多用矩形，高压通风机多用圆形。通风机的叶轮直径较大，叶片数目多，长度短，形状有前弯、径向和后弯三种。在不追求高效率，仅要求大风量时，常采用前弯叶片；若要求高效率和高风压，则采用后弯叶片。

2．旋转式鼓风机

旋转式鼓风机机型较多，最常用的是罗茨鼓风机，结构见图1-19。其工作原理与齿轮泵类似，机壳内有两个形状特殊的转子，为腰形或三角形，两转子之间、转子与机壳之间的缝隙很小，转子能自由转动，且气体无过多泄漏。两转子的旋转方向相反，使气体从机壳一侧吸入，从另一侧排出。如改变转子的旋转方向，可使吸入口与排出口互换。

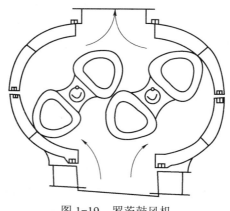

图1-19　罗茨鼓风机

罗茨鼓风机为容积式鼓风机，具有正位移特征，其风量与转速成正比，与出口压力无关，一般采用旁路调节流量。罗茨鼓风机的出口应安装气体稳压管和安全阀，操作温度不能超过85 ℃，以免转子受热膨胀而卡住。

3．往复式压缩机

往复式压缩机的构造、工作原理与往复泵相似，也是依靠活塞的往复作用将气体吸入与压出。但由于气体密度小，可以压缩，因此往复式压缩机的吸入阀和排出阀应更加轻巧灵活；为移出气体压缩放出的热量，必须附设冷却装置；此外，往复式压缩机中气体压缩比较高，压缩机的排气温度、功率等需用热力学知识解决。

4．真空泵

真空泵是从容器或系统中抽出气体，使其处于低于大气压的状态的设备。其结构形式较多，常见的有以下几种。

1）水环真空泵

水环真空泵的结构见图1-20。泵外壳呈圆形，内有一个偏心安装的叶轮，叶轮上有辐射状叶片。向泵壳内注入一定量的水，叶轮旋转时借离心力的作用将水甩出，形成水环。水还具有密封作用，使叶片间形成许多大小不同的密封室。随着叶轮旋转，右半部密封室的体积由小变大，形成真空，将气体从吸入口吸入，旋转至左半部，密封室的体积由大变小，将气体从排出口压出。

水环真空泵属湿式真空泵，吸气时允许夹带少量的液体，真空度一般可达83 kPa，若将吸入口通大气，排出口与设备或系统相连，可产生低于 98 kPa（表压）的压缩空气，故又可做低压压缩机使用。真空泵在运转时要不断充水，以维持泵内的水环液封，同时冷却泵体。

水环真空泵结构简单、紧凑，制造容易，维修方便，但效率低，一般为 30%～50%，适用于抽吸有腐蚀性、易爆炸的气体。

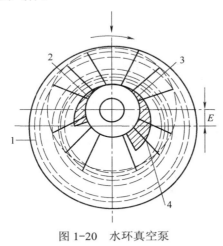

图 1-20　水环真空泵

1—水环；2—排出口；3—吸入口；4—叶轮

2）喷射泵

喷射泵属于流体作用式输送设备，是利用流体流动过程中动能和静压能相互转换来吸送流体的，它既可以用于吸送液体，也可以用于吸送气体。在化工生产中，喷射泵用于抽真空时称之为喷射式真空泵。

喷射泵的工作流体可以是蒸汽也可以是水，前者称为蒸汽喷射泵，后者称为水喷射泵。图 1-21 所示为单级蒸汽喷射泵，当工作蒸汽在高压下从喷嘴高速喷出时，在喷嘴处形成低压，从而将气体由吸入口吸入，被吸入的气体与工作蒸汽混合后进入扩散管，速度逐渐减小，压力随之升高，最后从压出口排出。

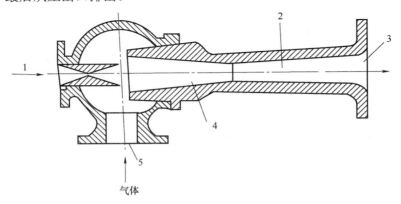

图 1-21　单级蒸汽喷射泵

1—工作蒸汽入口；2—扩散管；3—压出口；4—混合室；5—气体吸入口

单级蒸汽喷射泵仅能达到 90% 的真空度，为了达到更高的真空度，需采用多级蒸汽喷射泵。

　　喷射泵的优点是结构简单、制造方便、无运动部件、抽吸量大,缺点为效率低,一般只有10%～25%,且工作流体消耗量大。

◆ 任务计划与实施

表1-2　工作任务计划与实施表

专业		班级		姓名		学号	
组别		任务名称		流体输送操作		参考学时	4
任务描述		设计一个管路,用离心泵将炼制的成品汽油输送至高度为30 m的高位储槽,要求输送量为5 000 kg/h,输送距离为800 m					
任务计划及实施过程							

◆ 任务评价

表1-3　工作任务评价单

班级		姓名		学号		成绩	
组别		任务名称		流体输送操作	参考学时		4
序号	评价内容		分数	自评分	互评分	组长或教师评分	
1	课前准备(课前预习情况)		5				
2	知识链接(完成情况)		25				
3	任务计划与实施		35				
4	学习效果		30				
5	遵守课堂纪律		5				
总分			100				
综合评价(自评分×20%+互评分×40%+组长或教师评分×40%)							
组长签字:　　　　　　　　　　　　　教师签字:							

任务二 流体输送（离心泵）仿真操作

◆ 任务导入

在掌握典型液体输送设备——离心泵的基础上，依靠仿真软件掌握集散控制系统的操作方法，独立完成离心泵工艺仿真实训的全部内容。

◆ 任务分析

要完成相应的项目任务，应熟悉项目的工艺流程和操作界面，了解系统的 DCS 控制方案，掌握控制系统的操作方法，能够对不同的控制系统、阀门进行正确操作，能够对工艺过程中的压力、液位、温度、流量等参数进行监控和调节，能够独立完成离心泵的冷态开车、正常操作、正常停车的仿真操作，并能对操作过程中出现的故障进行分析及处理。

◆ 知识链接

一、工艺流程

（一）主要设备

离心泵仿真操作中的主要设备见表 1-4。

表 1-4　主要设备

设 备 位 号	名　称
V101	离心泵泵前罐
P101A	离心泵 A
P101B	离心泵 B（备用泵）

（二）仪表及报警

装置仪表的使用情况和报警上、下限见表 1-5。

表 1-5　装置仪表及报警一览表

位号	说明	类型	正常值	量程上限	量程下限	工程单位	高报值	低报值	高高报值	低低报值
FIC101	离心泵出口流量	PID	20 000.0	40 000.0	0.0	kg/h				
LIC101	V101 液位控制系统	PID	50.0	100.0	0.0	%	80.0	20.0		
PIC101	V101 压力控制系统	PID	5.0	10.0	0.0	atm		2.0		
PI101	泵 P101A 入口压力	AI	4.0	20.0	0.0	atm				
PI102	泵 P101A 出口压力	AI	12.0	30.0	0.0	atm	13.0			
PI103	泵 P101B 入口压力	AI	4.0	20.0	0.0	atm				
PI104	泵 P101B 出口压力	AI	12.0	30.0	0.0	atm	13.0			
TI101	进料温度	AI	50.0	100.0	0.0	℃				

（三）工艺说明

离心泵仿真单元的工艺流程如图 1-22 所示：来自某一设备的约 40 ℃的带压液体经调节阀 LV101 进入带压罐 V101，罐的液位由液位控制器 LIC101 通过调节 V101 的进料量来控制；罐内的压力由 PIC101 分程控制，PV101A、PV101B 分别调节进出 V101 的氮气量，从而保持罐压恒定在 5.0 atm（表）；罐内的液体由泵 P101A/B 抽出输送到其他设备，泵出口的流量由流量调节器 FIC101 控制。

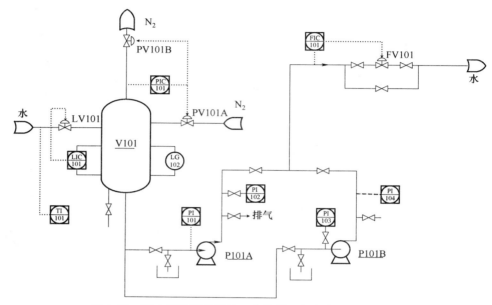

图 1-22　离心泵仿真单元的工艺流程（参考流程仿真界面）

（四）控制方案

V101 的压力由调节器 PIC101 分程控制，调节阀 PV101 的分程动作如图 1-23 所示。

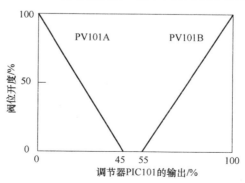

图 1-23　调节阀 PV101 的分程动作示意

本单元现场图中现场阀旁边的红色实心圆点是高点排气和低点排液的指示标志，完成高点排气和低点排液后红色实心圆点变为绿色。

二、仿真操作规程

（一）冷态开车

1. 准备工作

（1）盘车；

（2）核对吸入条件；

（3）调整填料或机械密封装置。

2. 罐 V101 充液、充压

1）罐 V101 充液

打开调节阀 LV101，开度约为 30%，向罐 V101 充液。当 LV101 开度达到 50% 时，LIC101 设定 50%，投自动。

2）罐 V101 充压

待罐 V101 的液位高于 5% 后，缓慢打开分程压力调节阀 PV101A 向罐 V101 充压。当压力升高到 5.0 atm（表）时，PIC101 设定 5.0 atm（表），投自动。

3. 启动泵前的准备工作

1）灌泵

待罐 V101 充压到正常值 5.0 atm（表）后，打开泵 P101A 的入口阀 VD01，向离心泵充液。VD01 出口的标志变为绿色说明灌泵完毕。

2）排气

打开泵 P101A 后的排空阀 VD03 排放泵内的不凝气体。观察泵 P101A 后的排空阀 VD03 的出口，当有液体溢出时，显示标志变为绿色，标志着泵 P101A 内已无不凝气体，关闭泵 P101A 后的排空阀 VD03，启动离心泵的准备工作就绪。

4. 启动离心泵

（1）启动离心泵（P101A 或 P101B）。

（2）输送流体：

待 PI102 的示值为入口压力的 1.5～2.0 倍后，打开泵 P101A 的出口阀（VD04）；

将调节阀 FV101 的前阀、后阀打开；

逐渐加大调节阀 FV101 的开度，使 PI101、PI102 的示值趋于正常值。

（3）调整操作参数。

微调调节阀 FV101，待测量值与给定值的相对误差小于 5% 且较稳定时，FIC101 设定正常值，投自动。

（二）正常操作

1. 正常工况操作参数

泵 P101A 出口压力 PI102：12.0 atm；

罐 V101 液位 LIC101：50.0%；

罐 V101 压力 PIC101：5.0 atm；

泵出口流量 FIC101：20 000 kg/h。

2. 负荷调整

可任意改变泵、按键的开关状态，手操阀的开度及液位调节阀、流量调节阀、分程压力调节阀的开度，观察其现象。

泵 P101A 功率正常值：5 kW；

FIC101 量程正常值：20 000 kg/h。

（三）正常停车

1. 罐 V101 停止进料

LIC101 置手动，并手动关闭调节阀 LV101，停止罐 V101 的进料。

2. 停泵

待罐 V101 的液位低于 10% 时，关闭泵 P101A（或 P101B）的出口阀。

P101A 停泵。

关闭泵 P101A 的前阀 VD01。

FIC101 置手动，并关闭调节阀 FV101 及其前、后阀（VB03、VB04）。

3. 泵 P101A 泄液

打开泵 P101A 的泄液阀 VD02，观察泄液阀 VD02 的出口，当不再有液体泄出时，显示标志变为红色，关闭 VD02。

4. 罐 V101 泄压、泄液

待罐 V101 的液位低于 10% 时，打开罐 V101 的泄液阀 VD10；

待罐 V101 的液位低于 5% 时，打开 PIC101 的泄压阀；

观察罐 V101 的泄液阀 VD10 的出口，当不再有液体泄出时，显示标志变为红色，待液体排净后，关闭泄液阀 VD10。

三、事故设置及处理

（一）泵 P101A 坏

1. 事故现象

泵 P101A 出口压力急剧下降；

FIC101 流量急剧减小。

2. 处理方法

切换到备用泵 P101B。

（1）全开泵 P101B 的入口阀 VD05，向泵 P101B 灌液，全开排空阀 VD07 排 P101B 的不凝气，当显示标志为绿色后关闭 VD07；

（2）灌泵和排气结束后，启动 P101B；

（3）待泵 P101B 的出口压力升至入口压力的 1.5～2 倍后，打开 P101B 的出口阀 VD08，同时缓慢关闭 P101A 的出口阀 VD04，以尽量减小流量波动；

（4）待 P101B 进、出口压力指示正常后，按停泵顺序停止 P101A，关闭泵 P101A 的入口阀 VD01，并通知维修部门。

（二）调节阀 FV101 卡

1．事故现象

FIC101 的流量不可调节。

2．处理方法

（1）打开 FV101 的旁通阀 VD09，调节流量使其达到正常值；

（2）手动关闭调节阀 FV101 及其后阀 VB04、前阀 VB03；

（3）通知维修部门。

（三）泵 P101A 入口管线堵

1．事故现象

泵 P101A 的入口、出口压力急剧下降；

FIC101 的流量急剧减小到零。

2．处理方法

按泵的切换步骤切换到备用泵 P101B，并通知维修部门进行维修。

（四）泵 P101A 汽蚀

1．事故现象

泵 P101A 的入口、出口压力上下波动；

泵 P101A 的出口流量波动（大部分时间达不到正常值）。

2．处理方法

按泵的切换步骤切换到备用泵 P101B。

（五）泵 P101A 气缚

1．事故现象

泵 P101A 的入口、出口压力急剧下降；

FIC101 的流量急剧减小。

2．处理方法

按泵的切换步骤切换到备用泵 P101B。

四、仿真界面

工艺仿真界面见图 1-24、图 1-25。

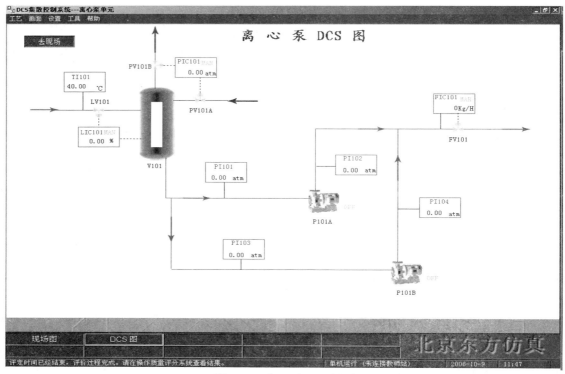

图 1-24　离心泵 DCS 界面

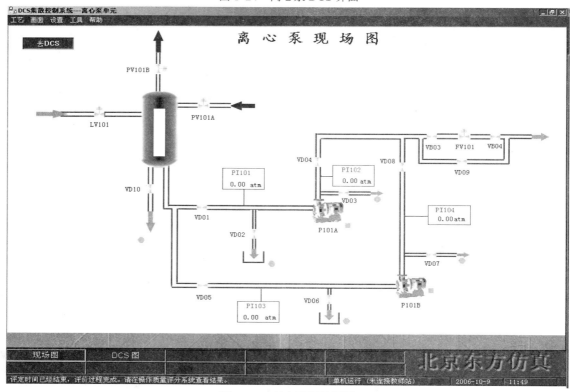

图 1-25　离心泵现场界面

任务计划与实施

表 1-6　工作任务计划与实施表

专业		班级		姓名		学号	
组别		任务名称	流体输送（离心泵）仿真操作		参考学时		4
任务描述	在计算机上通过仿真软件独立完成离心泵的冷态开车、正常操作、正常停车的仿真操作，并会对操作过程中发生的故障进行处理						
任务计划及实施过程							

任务评价

表 1-7　工作任务评价单

班级		姓名		学号		成绩	
组别		任务名称	流体输送（离心泵）仿真操作		参考学时		4
序号	评价内容		分数	自评分	互评分	组长或教师评分	
1	课前准备（课前预习情况）		5				
2	知识链接（完成情况）		25				
3	任务计划与实施		35				
4	学习效果		30				
5	遵守课堂纪律		5				
总分			100				
综合评价（自评分×20%+互评分×40%+组长或教师评分×40%）							
组长签字：　　　　　　　　　　　　教师签字：							

任务三　流体输送实际操作

任务导入

认识流体流动和输送过程中的管路、设备、仪表和测量装置，并以小组为单位完成实际操作，计算相关实验参数。

任务分析

要完成流体输送实际操作任务，首先要熟悉流程中各管件、阀门、仪表、测量及输送装置的类型、原理和使用方法；其次要了解装置中的管路布置、工艺流程和控制方式，熟悉安全生产的相关知识；最后能通过小组实训对流体流量、流动阻力、泵的性能参数等进行测定及计算，并能总结不同流体输送设备、不同流体输送方式的特点。

知识链接

一、流体输送实训设备及工艺流程

（一）实训设备

流体输送装置的主要设备见表1-8。

表1-8　流体输送装置的主要设备

序　号	位　号	名　称	用　途	规　格
1	P101	离心泵	为流体输送提供动力	WB70/055，流量1.2~7.2 m³/h，扬程14~19 m，功率550 W
2	P103			
3	P104		为真空喷射器输送介质提供动力	
4	P102	旋涡泵	为流体输送提供动力	L-02，流量50 L/min，扬程70 m，功率750 W
5	V104	循环水槽	为真空喷射器提供介质	400 mm×400 mm×1 100 mm
6	V101	水槽	存放被输送介质	φ600 mm×900 mm
7	J101	真空喷射器	提供真空环境	RPB系列80型真空喷射器，保证真空度-98 kPa，保证抽气量80 m³/h
8	V103	真空缓冲罐	提供稳定的真空环境	φ300 mm×500 mm
9	R101	反应釜	作为反应设备	φ500 mm×700 mm
10	V102	高位槽	为流体提供势能	400 mm×400 mm×600 mm

（二）实训仪表

流体输送装置的主要仪表见表1-9。

表 1-9　流体输送装置的主要仪表

序号	位号	仪表用途	仪表位置	规格		执行器
				传感器	显示仪	
1	FIC01	流量控制	集中	LWY—40C 涡轮流量计，2～20 m³/h，精度 0.5 级	AI-708	电动调节阀
2	FI02	流量显示	集中	文丘里流量计，喉径 25 mm	AI-501	手动截止阀
3	FI03	流量显示	现场	LZB—40 转子流量计，160～1 600 L/h		手动截止阀
4	LAI01	储槽液位	集中	CYB101J，0～20 kPa 压力传感器	AI-501	
5	LAI02	储槽液位	集中	CYB101J，0～20 kPa 压力传感器	AI-501	
6	LAI03	储槽液位	集中	CYB101J，0～20 kPa 压力传感器	AI-501	
7	TI01	介质温度	集中	ϕ3 mm×90 mm K 型热电偶	AI-501	
8	PI01	光滑管压降	集中	CYB100L，0～20 kPa 压差传感器	AI-501	
9	PI02	粗糙管压降	集中	CYB100L，0～100 kPa 压差传感器	AI-501	
10	PI03	泵入口真空度	现场	Y—100 指针真空表，−0.1～0 MPa		
11	PI04	泵出口压力	现场	Y—100 指针压力表，0～0.4 MPa		
12	PI05	泵入口真空度	现场	Y—100 指针真空表，−0.1～0 MPa		
13	PI06	泵出口压力	现场	Y—100 指针压力表，0～0.4 MPa		
14	PI07	泵入口真空度	现场	Y—100 指针真空表，−0.1～0 MPa		
15	PI08	泵出口压力	现场	Y—100 指针压力表，0～0.4 MPa		
16	PI09	真空缓冲罐真空度	现场	Y—100 指针压力表，0～0.4 MPa		

（三）工艺流程

流体输送装置带控制点的工艺流程如图 1-26 所示，具体包括以下几个过程。

机械输送：被输送介质存储在水槽 V101 中，经离心泵 P103 输送至反应釜 R101，再由反应釜返回水槽；

重力输送：被输送介质存储在水槽 V101 中，经离心泵 P103 输送至高位槽 V102，再由高位槽依靠重力输送至反应釜 R101，然后由反应器返回水槽；

机械输送：被输送介质存储在水槽 V101 中，经离心泵 P101（或旋涡泵 P102）和涡轮流量计返回水槽；

压缩空气输送：被输送介质存储在水槽 V101 中，由压缩空气输送至反应釜 R101，然后由反应釜返回水槽；

真空输送：反应釜 R101 中产生真空，介质直接由水槽 V101 输送到反应釜。

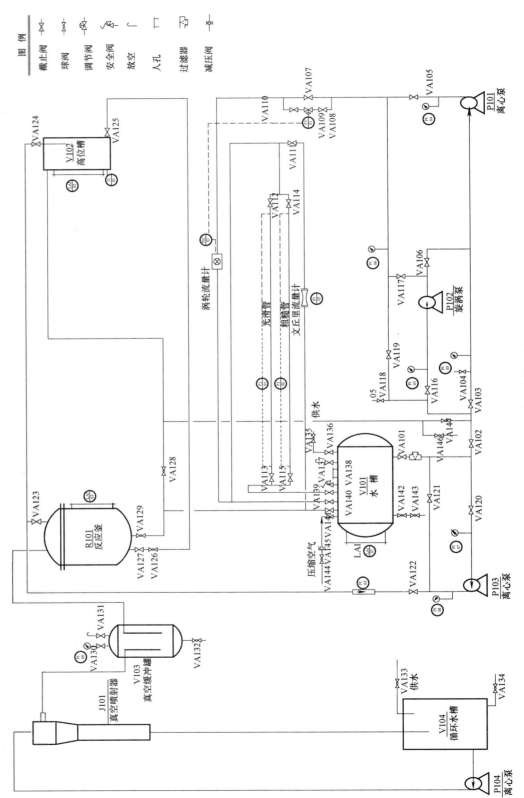

图 1-26　流体输送装置流程

二、生产控制

在化工生产中，对各工艺变量有一定的控制要求。有些工艺变量对产品的数量和质量起着决定性的作用。例如，反应釜的进料量必须恒定，否则反应将发生变化。有些工艺变量虽不直接影响产品的数量和质量，然而保持其平稳是使生产获得良好控制的前提。例如，利用压缩空气进行液体输送时，如果压缩空气压力不稳，液体流量将很难控制住。

实现控制要求有两种方式，一是人工控制，二是自动控制。自动控制是在人工控制的基础上发展起来的，通过使用自动化仪表等控制装置代替人观察、判断、决策和操作。

先进控制策略在化工生产过程中的推广应用能够有效提高生产过程的平稳性和产品质量的合格率，对于降低生产成本、节能减排降耗、提升企业的经济效益具有重要意义。

（一）操作指标

1．压力控制

真空缓冲罐真空度：≥ -0.1 MPa；

操作压力：≤ 0.1 MPa。

2．温度控制

高位槽温度：常温；

各电机温升：≤ 65 ℃。

3．液位控制

高位槽液位：$\leq 2/3$；

反应釜液位：$\leq 2/3$。

（二）控制方法

流体流量控制见图1-27。

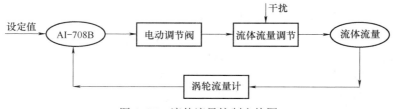

图1-27　流体流量控制方块图

离心泵频率控制见图1-28。

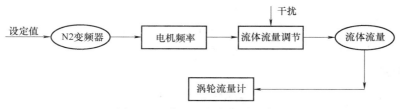

图1-28　离心泵频率控制方块图

三、物耗、能耗指标

原辅料：水（可循环使用）。

能源动力：电能。

操作过程中的能量消耗指标见表 1-10。

表 1-10　流体输送装置能耗一览表

名　　称	额 定 功 率
离心泵	两台，共 1.1 kW
旋涡泵	0.75 kW
真空喷射器	7.5 kW
总计	9.35 kW

四、操作步骤

（一）开车准备

（1）了解流体输送的基本原理。

（2）熟悉流体输送实训工艺流程、实训装置及主要设备。

（3）检查公用工程是否处于正常供应状态。

（4）检查流程中的各阀门是否处于正常开车状态。

关闭阀门 VA101、VA102、VA103、VA104、VA105、VA106、VA107、VA111、VA112、VA113、VA114、VA115、VA116、VA117、VA118、VA119、VA120、VA121、VA122、VA123、VA124、VA125、VA126、VA127、VA128、VA130、VA131、VA132、VA133、VA134、VA136、VA137、VA138、VA139、VA140、VA141、VA142、VA143、VA144、VA145、VA146、VA147。

全开阀门 VA108、VA109、VA110、VA129、VA135。

（5）设备通电，检查各仪表状态是否正常，动设备试车。

（6）了解本实训所用水和压缩空气的来源。

（7）按照要求制定操作方案。

发现异常情况必须及时报告指导教师进行处理。

（二）流体阻力测定

1．训练目标

学习直管摩擦阻力 Δp_f、直管摩擦系数 λ 的测定方法，掌握直管摩擦系数 λ 与雷诺数 Re 和相对粗糙度之间关系的测定方法及变化规律，学习压差的几种测量方法。

2．操作要求

（1）打开阀门 VA101、VA102、VA103 和 VA138。

（2）启动离心泵 P101，全开阀门 VA105。

（3）在大流量下进行管路排气。

（4）打开阀门 VA112 和 VA113（或 VA114 和 VA115）。

（5）将涡轮流量计设定到某一数值，待流动稳定后记录下流量 FIC01 与摩擦压降 PI01（或 PI02）的读数。

（6）切换到另一条管路进行实验。

（7）关闭离心泵，将各阀门恢复至开车前的状态。

3. 数据记录

实验数据记录见表 1-11。

表 1-11　数据记录

测量管规格φ22 mm×3 mm，长 1.8 mm			
序　号	流　量	压　降	摩擦系数
1			
2			
3			
4			
5			
6			
7			
8			
9			
10			

（三）离心泵性能测定

（1）打开阀门 VA101、VA102 和 VA103，启动离心泵 P101。

（2）泵的出口阀门 VA105 全开，将涡轮流量计设定到某一数值，待流动稳定后同时读取流量（FIC01）、泵出口处的压力（PI04）、泵进口处的真空度（PI03）、功率等数据。

（3）从大流量到小流量依次测取 10～15 组实验数据。

（4）将电动调节阀 VA109 全开，逐次调节离心泵的频率（20～50 Hz），分别在不同的频率下读取流量（FIC01）、泵出口处的压力（PI04）、泵进口处的真空度（PI03）等数据。

（5）实验完毕，关闭泵的出口阀门，停泵。

（6）记录实验数据，见表 1-12。

表 1-12　数据记录

序　号	流量（m³/h）	入口真空度（kPa）	出口压力（kPa）	压头 H_e	功率 N_e	功率表读数（W）	泵效率
1							
2							
3							
4							
5							
6							
7							

序　号	流量 （m³/h）	入口真空度 （kPa）	出口压力 （kPa）	压头 H_e	功率 N_e	功率表读数 （W）	泵　效　率
8							
9							
10							
11							
12							
13							
14							
15							

根据实验数据画出 H_e—qV、N_e—qV、η—qV 之间的关系曲线。

（四）流体输送

1．离心泵输送流体

（1）打开阀门 VA101、VA120，关闭阀门 VA121，启动离心泵 P103。

（2）打开阀门 VA123，调节离心泵的出口阀门 VA122，观察流量（FI03）以及反应釜的液位（LAI03）的变化。

（3）当 LAI03 达到一定值后关闭离心泵，打开阀门 VA129 和 VA140，将反应釜内的流体放回水槽 V101。

（4）将各阀门恢复至开车前的状态。

2．压缩空气输送流体

（1）打开阀门 VA101、VA102 和 VA147，关闭阀门 VA137。

（2）打开阀门 VA141 和 VA144，调节减压阀 VA145，将流体输送到高位槽 V102，同时观察减压阀压力示数和高位槽液位（LAI02）的变化。

（3）当 LAI02 达到一定值后关闭阀门 VA145、VA141 和 VA144。

（4）将各阀门恢复至开车前的状态。

3．重力输送流体

（1）依次打开阀门 VA125、VA126 和 VA127，观察高位槽液位（LAI02）与反应釜液位（LAI03）的变化。

（2）当 LAI03 达到一定值后关闭阀门 VA125、VA126 和 VA127，将反应釜内的流体放回水槽 V101。

（3）将各阀门恢复至开车前的状态。

4．真空抽送流体

（1）打开阀门 VA101、VA121、VA122 和 VA123，关闭阀门 VA131。

（2）启动离心泵 P104，观察真空缓冲罐的压力（PI09）和反应釜液位（LAI03）的变化。

（3）当 LAI03 达到一定值后关闭离心泵，打开阀门 VA131。

（4）打开阀门 VA129 和 VA140，将流体放回水槽 V101。

（5）将各阀门恢复至开车前的状态。

5．反应釜液位控制

在向反应釜输送流体的同时，打开阀门 VA128、VA129 和 VA147，并启动离心泵 P101，调节其频率（或控制其流量），使反应釜液位维持恒定。

（五）文丘里流量计标定

1．训练目标

了解常用流量计的构造、工作原理、主要特点，掌握流量计的标定方法；了解节流式流量计的流量系数 C 随雷诺数变化的规律，流量系数 C 的确定方法。

2．操作要求

（1）打开阀门 VA101、VA102、VA103、VA111、VA140，启动离心泵 P101，全开阀门 VA105。

（2）将涡轮流量计（FIC01）固定在某一流量，待流动稳定后记录与之相对应的文丘里流量计的压降读数。

（3）依次增大涡轮流量计的流量，重复步骤（2）。

（4）实验结束后关闭离心泵 P101，将各阀门恢复至开车前的状态。

3．数据记录

实验数据记录见表 1-13。

表 1-13　数据记录

序　号	涡轮流量计读数/（m³/h）	雷诺数 Re	文丘里流量计压降 /kPa
1			
2			
3			
4			
5			
6			
7			
8			
9			
10			

五、安全生产技术

（一）生产事故及处理预案

离心泵汽蚀现象：离心泵在运行过程中，泵体振动并发出噪声，流量、扬程和效率都明显下降，严重时甚至吸不上液体。

（1）检查泵体的固定螺栓是否紧固，如果螺栓松动，将其拧紧。

（2）检查阀门 VA104，看其是否处于关闭状态。

（二）工业卫生和劳动保护

进入化工单元实训基地必须穿戴劳动防护用品，在指定区域正确戴上安全帽，穿上安全鞋，在任何作业过程中佩戴安全防护眼镜和合适的防护手套。无关人员未经允许不得进入实训基地。

1. 动设备操作安全注意事项

（1）检查柱塞计量泵润滑油油位是否正常；

（2）检查冷却水系统是否正常；

（3）确认工艺管线、工艺条件正常；

（4）启动电机前先盘车，正常才能通电，通电后立即查看电机是否启动，若启动异常，应立即断电，避免电机烧毁；

（5）启动电机后看其工艺参数是否正常；

（6）观察有无过大噪声、振动及松动的螺栓；

（7）观察有无泄漏；

（8）电机运转时不允许接触转动件。

2. 静设备操作安全注意事项

（1）在操作及取样过程中注意防止产生静电；

（2）装置内的塔、罐、储槽需清理或检修时应按安全作业规定进行；

（3）容器应严格按规定的装料系数装料。

3. 安全技术

（1）进行实训之前必须了解室内总电源开关与分电源开关的位置，以便发生用电事故时及时切断电源；在启动仪表柜电源前必须弄清楚每个开关的作用。

（2）设备配有温度、液位等测量仪表，对相关设备的工作进行集中监视，出现异常时及时处理。

（3）不能使用有缺陷的梯子，登梯前必须确保梯子支撑稳固，上下梯子应面向梯子并且双手扶梯，一人登梯时要有同伴护稳梯子。

4. 职业卫生

1）噪声对人体的危害

噪声对人体的危害是多方面的，噪声可以使人耳聋，引起高血压、心脏病、神经官能症等疾病，还会污染环境，影响人们的正常生活，降低劳动生产效率。

2）工业企业噪声的卫生标准

工业企业生产车间和作业场所的工作点的噪声标准为85分贝。

现有工业企业经努力暂时达不到标准的，可适当放宽，但不能超过90分贝。

3）噪声的防护

噪声的防护方法很多，且得到不断改进，主要有三个方面，即控制声源、控制噪声传播、加强个人防护。降低噪声的根本途径是对声源采取隔声、减震和消除噪声的措施。

5. 行为规范

（1）不准吸烟；

（2）保持实训环境整洁；

（3）不准从高处乱扔杂物；

（4）不准随意坐在灭火器箱、地板和教室外的凳子上；

（5）非紧急情况不得随意使用消防器材（训练除外）；

（6）不得倚靠在实训装置上；

（7）在实训基地、教室里不得打骂和嬉闹；

（8）使用后的清洁用具按规定放置整齐。

◈ 任务计划与实施

表 1-14　工作任务计划与实施表

专业		班级		姓名		学号	
组别		任务名称	流体输送实际操作		参考学时		8
任务描述		正确操作流体输送实训装置，通过团队协作完成不同方式流体输送过程的流量测定、流动阻力测定及计算、离心泵使用等实操项目					
任务计划及实施过程							

◈ 任务评价

表 1-15　工作任务评价单

班级		姓名		学号		成绩	
组别		任务名称	流体输送实际操作		参考学时		8
序号	评价内容		分数	自评分	互评分	组长或教师评分	
1	课前准备（课前预习情况）		5				
2	知识链接（完成情况）		25				
3	任务计划与实施		35				
4	实训效果		30				
5	遵守课堂纪律		5				
总分			100				
综合评价（自评分×20%+互评分×40%+组长或教师评分×40%）							
组长签字：			教师签字：				

思 考 题

1. 什么是流体的黏性？

2. 流体的流动形态有哪几种？如何判断？

3. 减小流动阻力的途径是什么？

4. 离心泵的主要结构部件、工作原理是什么？

5. 启动离心泵时应注意什么？在什么情况下要先引水灌泵排气？如果灌泵后依然启动不起来，可能的原因是什么？

6. 离心泵在启动之前为什么要关闭出口阀？

7. 为什么要用泵的出口阀调节流量？

8. 影响离心泵特性曲线的因素有哪些？

传热操作

1. 掌握传热的基本概念与基本理论;
2. 理解传热原理及传热过程;
3. 熟悉传热设备的结构;
4. 熟悉传热装置的流程及仪表;
5. 掌握传热装置的操作技能;
6. 熟悉流化床干燥设备的结构;
7. 熟悉流化床干燥装置的流程及仪表;
8. 掌握流化床干燥装置的操作技能;
9. 掌握常见异常现象的判别及处理方法。

任务一　认识传热

◈ 任务导入

某工厂为避免锅炉低温硫腐蚀,需用高温水蒸气加热冷空气,将空气预热器入口的空气温度提高至 50 ℃。要求设计一个方案满足上述要求。

◈ 任务分析

冷空气要升高温度,需从高温水蒸气中吸收热量,即发生热量传递。在传热过程中依据什么原理,采用什么设备,通过怎样的流程升温才能完成传热任务呢? 为了解决这些问题,我们必须掌握相关的传热原理、传热的基本方式、传热的相关设备及工艺流程等知识。

◈ 知识链接

一、基本理论

(一)传热

传热,即热量传递,是热量自发地从高温物体或区域(热流体)传向低温物体或区域(冷流体)的过程。它是自然界和工程技术领域中极普遍的一种传递过程,几乎涉及所有工业部门,如化工、能源、冶金、机械、建筑等。

化学工业与传热的关系尤为密切，化工生产中的很多过程和单元操作都需要进行加热或冷却。一般来说，化工生产中的传热过程主要有两种情况，其一是强化传热过程，如各种换热设备中的传热、某些反应的加热；其二是削弱传热过程，如对设备和管道的保温，以减少热损失。

（二）传热的基本方式

根据传热机理的不同，热量传递有三种基本方式：热传导、对流传热和辐射传热。根据具体情况，热量传递可以以其中一种方式进行，也可以以两种或三种方式同时进行。

1. 热传导

热量不依靠宏观混合运动而从物体中的高温区向低温区移动的过程称为热传导，简称导热。热传导在固体、液体和气体中都可以发生。导热系数 λ 是表征物质导热性能的一个物性参数，λ 越大，导热性能越好。导热性能与物质的组成、结构、密度、温度及压力等有关。物质的导热系数通常由实验测定。各种物质的导热系数数值差别极大，一般而言，金属的导热系数最大，非金属的次之；液体的较小，气体的最小。

傅里叶定律是导热的基本定律，表达式见式（2-1）：

$$Q=-\lambda A\frac{\mathrm{d}t}{\mathrm{d}x} \tag{2-1}$$

式中　Q——导热速率，J/s 或 W；

λ——导热系数，W/（m·K）；

A——垂直于导热方向的导热面积，m^2；

$\mathrm{d}t/\mathrm{d}x$——温度梯度，即导热方向上温度的变化率，K/m。

由于导热方向为温度下降的方向，故右端须加一负号。

工业生产中的导热问题大多是圆筒壁中的导热问题。如图 2-1 所示，设圆筒壁的内、外半径分别为 r_1 和 r_2，长度为 l。

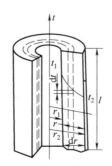

图 2-1　单层圆筒壁热传导

若圆筒壁内、外表面的温度分别为 t_{w1} 和 t_{w2}，且 $t_{w1}>t_{w2}$，可推导出单层圆筒壁的导热速率公式，见式（2-2）。

$$Q=\frac{2\pi l\lambda(t_{w1}-t_{w2})}{\ln\dfrac{r_2}{r_1}} \tag{2-2}$$

2．对流传热

对流传热是由流体内部质点发生宏观运动而引起的热量传递过程，因而只发生在有流体流动的场合。化工生产中经常遇到的对流传热有热量由流体传到固体壁面或由固体壁面传入周围流体两种。对流传热可以由强制对流引起，亦可以由自然对流引起。前者是将外力（泵或搅拌器）施加于流体上，从而使流体质点发生运动；后者则是由于流体内部存在温度差，形成了流体的密度差，从而使质点在固体壁面与附近流体之间产生循环流动。

3．辐射传热

因热的原因而产生的电磁波在空间的传递称为热辐射。热辐射可以在完全真空的地方传播而无须任何介质。

二、换热器

在化工生产中，要实现热量的交换必须采用特定的设备，通常把用于交换热量的设备称为换热器。其中间壁式换热器适用于两流体在换热过程中不允许混合的场合，应用最广，形式多样。下面简要介绍几种化工生产中常见的间壁式换热器。

（一）管壳式换热器

管壳式换热器又称列管式换热器，是目前化工生产中应用最广的一种换热器。

管壳式换热器主要由壳体、管束、管板、折流挡板、封头等组成，如图 2-2 所示。管束两端固定（焊接或胀接）在管板上，管板和封头中间的空间叫管箱，起到分配和汇集流体的作用。一种流体走管内，其行程为管程，由封头两端的进、出口管进入和流出；另一种流体在由壳体与管束形成的管隙中流动，其行程为壳程，由壳体的进、出口管进入和流出，两种流体通过管束的壁面进行传热。由于管板和壳体、管子都焊在一起，位置完全固定不变，所以称为固定管板式列管换热器，这是列管式换热器中最简单的一种形式。

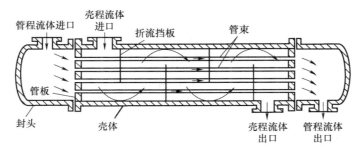

图 2-2　单管程单壳程固定管板式列管换热器

为增大管外流体的给热系数，通常在壳体内安装一定数量的折流挡板。折流挡板不仅可防止流体短路、增大流体速度，还使流体按规定路径多次错流通过管束，使湍动程度大为增强。常用的挡板有圆缺形和圆盘形两种，如图 2-3 所示，前者应用更为广泛。

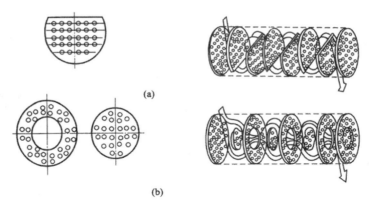

图 2-3　折流挡板的形式及流向示意

（a）圆缺形　（b）圆盘形

　　流体在管内每通过管束一次称为一个管程，每通过壳体一次称为一个壳程。为提高管内流体的速度，可在两端的封头内设置适当的隔板，将全部管子平均分隔成若干组。这样，流体可每次只通过部分管子而往返管束多次，称为多管程。同样，为提高管外流速，可在壳体内安装纵向挡板，使流体多次通过壳体空间，称为多壳程。管壳式换热器的结构及主要零部件如图 2-4 所示。

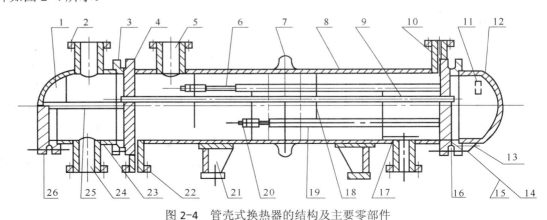

图 2-4　管壳式换热器的结构及主要零部件

1—管箱（A、B、C、D 型）；2—接管法兰；3—设备法兰；4—管板；5—壳程接管；6—拉杆；
7—膨胀节；8—壳体；9—换热管；10—排气管；11—吊耳；12—封头；13—顶丝；
14—双头螺柱；15—螺母；16—垫片；17—防冲板；18—折流挡板或支承板；
19—定距管；20—拉杆螺母；21—支座；22—排液管；23—管箱壳体；
24—管程接管；25—分程隔板；26—管箱盖

（二）板式换热器

　　在传统的间壁式换热器中，除夹套式以外，几乎都是管式换热器。但是，在流动面积相等的条件下，圆形通道表面积最小，而且管子之间不能紧密排列，故管式换热器的共同缺点是结构不紧凑，单位换热器容积所提供的传热面积小，金属消耗量大。随着工业的发展，不少高效、紧凑的换热器陆续出现，并逐渐趋于完善。这些换热器基本上可以分为两类：一类是在管式换热器的基础上加以改进而成的，另一类则从根本上摆脱圆管而采用各种板式换热表面，即板式换热器，如图 2-5 所示。

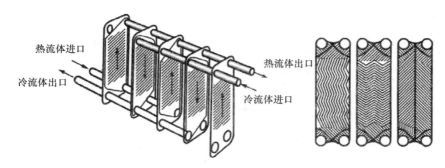

图 2-5　板式换热器流向示意

板式换热表面可以紧密排列，因此各种板式换热器都有结构紧凑、材料消耗少、传热系数大的特点。这类换热器一般不能承受高压和高温，但用于压力较低、温度不高或腐蚀性强而必须用贵重材料的场合具有很大的优越性。

板式换热器最初用于食品工业，20 世纪 50 年代逐渐推广到化工等其他工业部门，现已发展成为高效、紧凑的换热设备。

1．结构

板式换热器由一组金属薄板组装而成，相邻薄板之间衬以垫片并用框架夹紧。图 2-5 所示为矩形板片，其四角开有圆孔，形成了流体通道。冷、热流体交替在板片两侧流过，通过板片进行换热。板片厚度为 0.5～3 mm，通常压制成各种波纹形状，既增大了刚度，又使流体分布均匀，湍动加强，传热系数增大。

2．特点

板式换热器的主要特点有：①由于流体在板片间流动湍动程度高，而且板片薄，故传热系数大；②板片间隙小，结构紧凑，单位容积所提供的传热面积大，金属耗量只有列管式换热器的 2/3；③具有可拆结构，操作灵活性大，清洗方便。

3．应用范围

板式换热器已广泛应用于冶金、矿山、石油、化工、电力、医药、食品、化纤、造纸、轻纺、船舶、供热等部门，可用于加热、冷却、蒸发、冷凝、杀菌消毒、余热回收等各种用途。

（三）螺旋板式换热器

这种换热器的传热元件由螺旋形板组成，是一种新型换热器，传热效率高，运行稳定性好，可多台同时工作。

1．结构

螺旋板式换热器由两张平行薄钢板在专用的卷床上卷制而成，内部形成两个同心的螺旋形通道，外形是个圆柱体，在圆柱体上加顶盖和进、出口接管即构成螺旋板式换热器。冷、热流体分别进入两个螺旋通道，作严格的逆流流动，通过薄板进行换热，如图 2-6 所示。

2．分类

螺旋板式换热器按结构形式可分为不可拆式螺旋板式换热器和可拆式螺旋板式换热器。

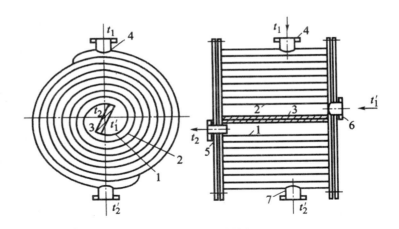

图 2-6　螺旋板式换热器

1，2—金属板；3—隔板；4，5，6，7—流体连接管

3．优点和缺点

1）螺旋板式换热器的优点

（1）由于离心力的作用和定距柱的干扰，流体湍动程度高，故传热系数大。例如，水对水的传热系数可达 $2\,000\sim3\,000\ \text{W}/(\text{m}^2\cdot\text{℃})$，而管壳式换热器一般为 $1\,000\sim2\,000\ \text{W}/(\text{m}^2\cdot\text{℃})$。

（2）由于离心力的作用，流体中悬浮的固体颗粒被抛向螺旋形通道的外缘而被流体冲走，故螺旋板式换热器不易堵塞，适于处理悬浮液及高黏度介质。

（3）冷、热流体可作严格的逆流流动，传热平均推动力大。

（4）结构紧凑，单位容积的传热面积为管壳式换热器的 3 倍，可节约金属材料。

2）螺旋板式换热器的缺点

（1）操作压力和温度不能太高，一般压力不超过 2 MPa，温度不超过 300～400 ℃。

（2）因整个换热器被焊成一体，一旦损坏不易修复。

（四）蛇管式换热器

蛇管式换热器用金属管弯绕成适应容器的形状，沉浸在容器内的液体中。管内流体与容器内液体隔着管壁进行换热。其结构简单、造价低廉、便于防腐、能承受高压。为增强传热效果，常需加搅拌装置。几种常用蛇管的形状如图 2-7 所示。

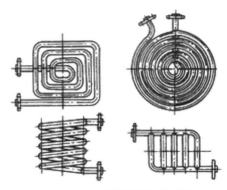

图 2-7　几种常用蛇管的形状

（五）夹套式换热器

夹套式换热器由一个装在容器外部的夹套构成，与反应器或容器形成一个整体，器壁就是换热器的传热面。其结构如图2-8所示，主要用于反应器或容器的加热或冷却。它结构简单，容易制造。但是其传热面积小，器内流体处于自然对流状态，传热效率低，夹套内部清洗困难。

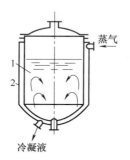

图 2-8　夹套式换热器
1—反应器或容器；2—夹套

三、列管式换热器的设计

（一）传热基本方程

式（2-3）为传热基本方程，式中热、冷流体的温度差为传热推动力。

$$Q = KA\Delta t_{\mathrm{m}} = \frac{\Delta t_{\mathrm{m}}}{\dfrac{1}{KA}} = \frac{\Delta t_{\mathrm{m}}}{R} \tag{2-3}$$

式中　Q——传热速率，W；

　　　K——总传热系数，$W/(m^2 \cdot K)$；

　　　A——传热面积，m^2；

　　　Δt_{m}——传热平均温度差，K；

　　　R——换热器的总热阻，K/W。

对于一定的传热任务，确定换热器所需的传热面积是选择换热器型号的核心。传热面积由传热基本方程计算确定，见式（2-4）。

$$A = \frac{Q}{K\Delta t_{\mathrm{m}}} \tag{2-4}$$

由上式可知，要计算传热面积，必须先求得传热速率 Q、传热平均温度差 Δt_{m} 以及传热系数 K。

（二）传热速率与热负荷

传热速率是换热器单位时间能够传递的热量，是换热器的生产能力，主要由换热器自身的性能决定。热负荷是生产上要求换热器单位时间传递的热量，是换热器的生产任务。

为确保换热器能完成传热任务，换热器的传热速率要大于等于其热负荷。

（三）传热平均温度差

Δt_m 为换热器的传热平均温度差，随着冷、热两流体在传热过程中的温度变化情况不同，传热平均温度差的大小及计算方法也不同。

1. 恒温传热

恒温传热时，两流体在换热过程中均发生相变，热流体温度 T 和冷流体温度 t 始终保持不变，Δt_m 按式（2-5）计算。

$$\Delta t_m = T - t \tag{2-5}$$

2. 变温传热

变温传热时 Δt_m 按式（2-6）计算。

$$\Delta t_m = \frac{\Delta t_1 - \Delta t_2}{\ln \dfrac{\Delta t_1}{\Delta t_2}} \tag{2-6}$$

式中 Δt_m——传热平均温度差，K；

Δt_1、Δt_2——换热器两端冷、热流体的温度差，K。

式（2-6）是并流和逆流时传热平均温度差的计算通式，对于各种变温传热都适用。当一侧变温传热时，不论逆流还是并流，平均温度差相等；当两侧变温传热时，并流和逆流平均温度差不同。计算时注意，一般取换热器两端的 Δt 中数值较大者为 Δt_1，较小者为 Δt_2。

（四）总传热系数

总传热系数 K 是描述传热过程强弱的物理量，传热系数越大，传热热阻越小，则传热效果越好。影响总传热系数 K 的因素主要有换热器的类型、流体的种类和性质以及操作条件等。

1. 总传热系数的计算

在间壁式换热器中，热、冷流体通过间壁的传热由热流体的对流传热、固体壁面的导热及冷流体的对流传热三步串联而成。对于稳定传热过程，各串联环节传热速率相等，过程的总热阻等于各分热阻之和，可联立传热基本方程、对流传热速率方程及导热速率方程得出。

$$\frac{1}{KA} = \frac{1}{\alpha_i A_i} + \frac{\delta}{\lambda A_m} + \frac{1}{\alpha_o A_o} \tag{2-7}$$

式（2-7）即为计算 K 值的基本公式。

2. 污垢热阻

在实际操作中，换热器传热壁面常有污垢产生，对传热产生附加热阻，该热阻称为污垢热阻。通常污垢热阻比传热壁面的热阻大得多，因而在传热计算中应重点考虑污垢热阻的影响。

设管内、外壁面的污垢热阻分别为 R_{Si}、R_{So}，根据串联热阻叠加原理，式（2-7）可写为

$$K=\cfrac{1}{\cfrac{A_o}{\alpha_i A_i}+R_{Si}+\cfrac{\delta A_o}{\lambda A_m}+R_{So}+\cfrac{1}{\alpha_o}} \qquad (2\text{-}8)$$

若传热壁面为平壁或薄管壁，A_o、A_i、A_m 相等或近似相等，则式（2-8）可简化为

$$K=\cfrac{1}{\cfrac{1}{\alpha_i}+R_{Si}+\cfrac{\delta}{\lambda}+R_{So}+\cfrac{1}{\alpha_o}} \qquad (2\text{-}9)$$

（五）流动路径的选择

以固定管板式换热器为例，流体流经管程还是壳程，一般确定原则如下。

（1）不洁净或易结垢的流体宜走管程，因为管程清洗较方便。

（2）腐蚀性流体宜走管程，以免管子和壳体同时被腐蚀，且管子便于维修和更换。

（3）压力高的流体宜走管程，以免壳体受压，以减少壳体金属消耗量。

（4）被冷却的流体宜走壳程，便于散热，增强冷却效果。

（5）高温加热剂与低温冷却剂宜走管程，以减少设备的热量或冷量损失。

（6）有相变的流体宜走壳程，如冷凝传热过程，管壁面附着的冷凝液的厚度即传热膜的厚度，让蒸气走壳程有利于及时排出冷凝液，从而增大冷凝传热膜系数。

（7）有毒害的流体宜走管程，以减少泄漏量。

（8）黏度大的液体或流量小的流体宜走壳程，因流体在有折流挡板的壳程流动，流速与流向不断改变，在 $Re>100$ 的情况下即可达到湍流，增强传热效果。

（9）若两流体温度差较大，对流传热系数较大的流体宜走壳程。因管壁温度接近 α 较大的流体，以减小管子与壳体的温度差，从而减小温差应力。

在选择流动路径时，上述原则往往不能兼顾，应根据具体情况进行分析。一般首先考虑操作压力、防腐及清洗等方面的要求。

◆ 任务计划与实施

表 2-1　工作任务计划与实施表

专业		班级		姓名		学号	
组别		任务名称	认识传热		参考学时		4
任务描述		1. 描述列管式换热器的主要结构； 2. 描述冷、热流体在列管式换热器中的流动方向及传热方式					

续表

任务计划及实施过程	

任务评价

表 2-2　工作任务评价单

班级		姓名		学号		成绩	
组别		任务名称		认识传热		参考学时	4
序号	评价内容		分数	自评分	互评分	组长或教师评分	
1	课前准备（课前预习情况）		5				
2	知识链接（完成情况）		25				
3	任务计划与实施		35				
4	学习效果		30				
5	遵守课堂纪律		5				
总分			100				
综合评价（自评分×20%+互评分×40%+组长或教师评分×40%）							
组长签字：				教师签字：			

任务二　传热仿真操作

任务导入

　　某工厂要求用 225 ℃的热物流将 92 ℃的冷物流（沸点：198.25 ℃）加热至 145 ℃，并有 20%汽化。请在相关仿真软件上完成上述操作任务。

任务分析

　　要完成相应的项目任务，应熟悉项目的工艺流程和操作界面，了解系统的 DCS 控制方案，掌握控制系统的操作方法，能够对不同的控制系统、阀门进行正确操作，能够对工艺过程中的压力、温度、流量等参数进行监控和调节，能够独立完成传热过程的冷态开车、正常操作、正常停车的仿真操作，并能对操作过程中出现的故障进行分析及处理。

◈ 知识链接

一、工艺流程

（一）主要设备

P101A/B：冷物流进料泵；

P102A/B：热物流进料泵；

E101：列管式换热器。

（二）仪表及报警

装置仪表的使用情况和报警上、下限见表2-3。

表2-3　装置仪表及报警一览表

位号	说明	类型	正常值	量程上限	量程下限	工程单位	高报值	低报值	高高报值	低低报值
FIC101	冷物流入口流量控制	PID	12 000	20 000	0	kg/h	17 000	3 000	19 000	1 000
TIC101	热物流出口温度控制	PID	177	300	0	℃	255	45	285	15
PI101	冷物流入口压力显示	AI	9	30	0	atm	10	3	15	1
TI101	冷物流入口温度显示	AI	92	200	0	℃	170	30	190	10
PI102	热物流入口压力显示	AI	10	50	0	atm	12	3	15	1
TI102	冷物流出口温度显示	AI	145	300	0	℃	170	30	190	10
TI103	热物流入口温度显示	AI	225	400	0	℃				
TI104	热物流出口温度显示	AI	129	300	0	℃				
FI101	流经换热器的流量	AI	10 000	20 000	0	kg/h				
FI102	未流经换热器的流量	AI	10 000	20 000	0	kg/h				

（三）工艺说明

换热器是进行热交换操作的通用工艺设备，广泛应用于化工、石油、动力、冶金等工业部门，特别是在石油炼制和化学加工装置中占有重要地位。换热器的操作技术培训在整个操作培训中尤为重要。

本单元采用管壳式换热器。其工艺流程如图2-9所示，来自界外的92 ℃的冷物流（沸点：198.25 ℃）由泵 P101A/B 送至换热器 E101 的壳程，被流经管程的热物流加热至 145 ℃，并有 20%汽化。冷物流的流量由流量控制器 FIC101 控制，正常流量为 12 000 kg/h。来自另一设备的 225 ℃的热物流经泵 P102A/B 送至换热器 E101，与流经壳程的冷物流进行热交换，热物流的出口温度由 TIC101 控制（177 ℃）。

为保证热物流的流量稳定，TIC101 采用分程控制，TV101A 和 TV101B 分别调节流经 E101 和旁路的流量，TIC101 输出 0%～100%分别对应于 TV101A 开度 0%～100%、TV101B 开度 100%～0%。

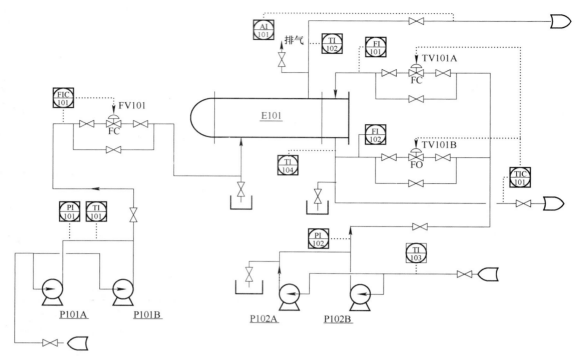

图 2-9　换热器仿真单元的工艺流程

（四）控制方案

TIC101 的分程控制线如图 2-10 所示：

本单元现场图中现场阀旁边的红色实心圆点是高点排气和低点排液的指示标志，完成高点排气和低点排液后红色实心圆点变为绿色。

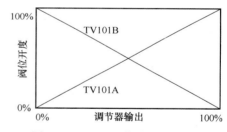

图 2-10　TIC101 的分程控制线

二、仿真操作规程

（一）冷态开车

本操作规程仅供参考，详细操作以评分系统为准。

装置的开工状态为换热器处于常温常压下，各调节阀处于手动关闭状态，各手操阀处于关闭状态，可以直接进冷物流。

1. 启动冷物流进料泵 P101A

（1）打开换热器的壳程排气阀 VD03；

（2）打开泵 P101A 的入口阀 VB01；

（3）启动泵 P101A；

（4）当冷物流进料压力表 PI101 示数达 9 atm 以上时，打开泵 P101A 的出口阀 VB03。

2．冷物流进料

（1）打开 FIC101 的前、后阀 VB04、VB05，手动逐渐开大调节阀 FV101；

（2）观察壳程排气阀 VD03 的出口，当有液体溢出时（VD03 旁边的标志变绿）标志着壳程已无不凝气体，关闭壳程排气阀 VD03，壳程排气完毕；

（3）打开冷物流出口阀（VD04），将其开度置为 50%，手动调节 FV101，使 FIC101 达到 12 000 kg/h 且较稳定，将 FIC101 设定为 12 000 kg/h，投自动。

3．启动热物流进料泵 P102A

（1）打开管程放空阀 VD06；

（2）打开泵 P102A 的入口阀 VB11；

（3）启动泵 P102A；

（4）当热物流进料压力表 PI102 示数大于 10 atm 时，打开泵 P102A 的出口阀 VB10。

4．热物流进料

（1）打开 TV101A 的前、后阀 VB06、VB07，TV101B 的前、后阀 VB08、VB09；

（2）打开调节阀 TV101A（默认为开）向 E101 管程注液，观察 E101 的管程排气阀 VD06 的出口，当有液体溢出时（VD06 旁边的标志变绿）标志着管程已无不凝气体，此时关闭管程排气阀 VD06，管程排气完毕；

（3）打开热物流出口阀（VD07），将其开度置为 50%，手动调节管程温度控制阀，使管程出口温度在（177±2）℃且较稳定，将 TIC101 设定为 177 ℃，投自动。

（二）正常操作

1．正常工况操作参数

（1）冷物流流量为 12 000 kg/h，出口温度为 145 ℃，汽化率为 20%；
（2）热物流流量为 10 000 kg/h，出口温度为 177 ℃。

2．备用泵的切换

（1）P101A 与 P101B 之间可任意切换；
（2）P102A 与 P102B 之间可任意切换。

（三）正常停车

本操作规程仅供参考，详细操作以评分系统为准。

1．停热物流进料泵 P102A

（1）关闭泵 P102 的出口阀 VB10；

（2）停泵 P102A；

（3）待 PI102 示数小于 0.1 atm 时，关闭泵 P102 的入口阀 VB11。

2．停热物流进料

（1）将 TIC101 置手动；

（2）关闭 TV101A 的前、后阀 VB06、VB07；

（3）关闭 TV101B 的前、后阀 VB08、VB09；

（4）关闭 E101 的热物流出口阀 VD07。

3．停冷物流进料泵 P101A

（1）关闭泵 P101 的出口阀 VB03；

（2）停泵 P101A；

（3）待 PI101 示数小于 0.1 atm 时，关闭泵 P101 的入口阀 VB01。

4．停冷物流进料

（1）将 FIC101 置手动；

（2）关闭 FIC101 的前、后阀 VB04、VB05；

（3）关闭 E101 的冷物流出口阀 VD04。

5．E101 管程泄液

打开管程泄液阀 VD05，观察管程泄液阀 VD05 的出口，当不再有液体泄出时，关闭泄液阀 VD05。

6．E101 壳程泄液

打开壳程泄液阀 VD02，观察壳程泄液阀 VD02 的出口，当不再有液体泄出时，关闭泄液阀 VD02。

三、事故设置及处理

下列事故处理操作仅供参考，详细操作以评分系统为准。

（一）阀 FV101 卡

1．事故现象

（1）FIC101 流量减小；

（2）泵 P101 出口压力升高；

（3）冷物流出口温度升高。

2．处理方法

关闭 FIC101 的前、后阀，打开 FIC101 的旁路阀（VD01），调节流量使其达到正常值。

（二）泵 P101A 坏

1．事故现象

（1）泵 P101 出口压力急剧下降；

（2）FIC101 流量急剧减小；

（3）冷物流出口温度升高，汽化率增大。

2．处理方法

关闭泵 P101A，开启泵 P101B。

（三）泵 P102A 坏

1．事故现象

（1）泵 P102 出口压力急剧下降；

（2）冷物流出口温度下降，汽化率减小。

2．处理方法

关闭泵 P102A，开启泵 P102B。

（四）阀 TV101A 卡

1．事故现象

（1）热物流经换热器换热后的温度降低；

（2）冷物流出口温度降低。

2．处理方法

关闭 TV101A 的前、后阀，打开 TV101A 的旁路阀（VD08），调节流量使其达到正常值。关闭 TV101B 的前、后阀，调节旁路阀（VD09）。

（五）部分管堵

1．事故现象

（1）热物流流量减小；

（2）冷物流出口温度降低，汽化率减小；

（3）泵 P102 出口压力略升高。

2．处理方法

停车，拆换热器清洗。

（六）换热器结垢严重

1．事故现象

热物流出口温度高。

2．处理方法

停车，拆换热器清洗。

四、仿真界面

列管式换热器 DCS 界面与现场界面分别如图 2-11、图 2-12 所示。

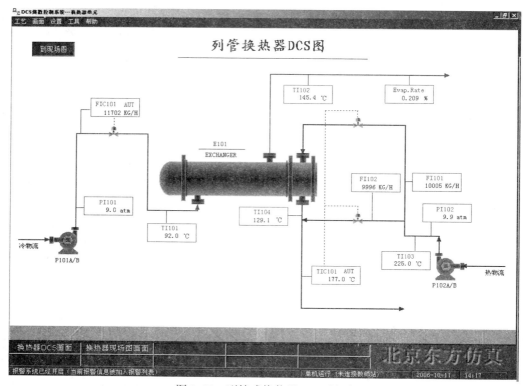

图 2-11　列管式换热器 DCS 界面

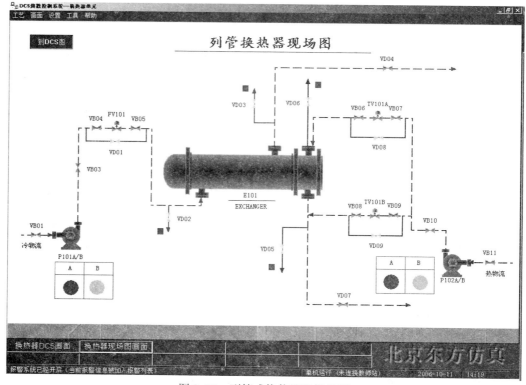

图 2-12　列管式换热器现场界面

任务计划与实施

表2-4　工作任务计划与实施表

专业		班级		姓名		学号	
组别		任务名称		传热仿真操作		参考学时	8
任务描述	描述阀 FV101 卡的故障现象并完成故障处理; 完成冷态开车、正常操作及正常停车						
任务计划及实施过程							

任务评价

表2-5　工作任务评价单

班级		姓名		学号		成绩	
组别		任务名称		传热仿真操作		参考学时	8
序号	评价内容		分数	自评分	互评分	组长或教师评分	
1	课前准备（课前预习情况）		5				
2	知识链接（完成情况）		25				
3	任务计划与实施		35				
4	学习效果		30				
5	遵守课堂纪律		5				
总分			100				
综合评价（自评分×20%+互评分×40%+组长或教师评分×40%）							
组长签字:				教师签字:			

任务三　传热实际操作

任务导入

　　某工厂要求用某温度的高温水蒸气对进入管道的冷空气进行预热,使冷空气温度达到 80 ℃以上。请以小组为单位完成上述操作。

任务分析

　　要完成传热实际操作任务,首先要熟悉流程中各阀门、仪表、设备的类型和使用方法及安全生产知识;其次要了解传热装置的工艺流程和控制方式;最后能通过小组实训对传热装置进行冷态开车、正常操作、正常停车的操作,使冷空气温度达到 80 ℃以上,并能对操作故障进行分析和处理。

⬦ 知识链接

一、传热实训设备及工艺流程

(一)实训设备

传热装置的主要设备见表 2-6。

表 2-6　传热装置的主要设备

序　号	位　号	名　　称	用　　途	规　　格
1	R101	蒸汽分配器	分配并临时贮存水蒸气	ϕ219 mm×700 mm,带安全阀等全套连接管路与阀门
2	E101	板式换热器	完成换热任务	BR10-2,换热面积 2 m²
3	E102	列管式换热器		ϕ159 mm×1 200 mm(列管式)(内管 ϕ20 mm×1 mm),有圆缺形折流挡板
4	E103	螺旋板式换热器		换热面积 2 m²
5	P101	旋涡气泵	为换热器提供连续定量的压缩空气	XGB-7 型旋涡气泵,功率 2.2 kW,最大流量 210 m³/h

(二)实训仪表

传热装置的主要仪表见表 2-7。

表 2-7　传热装置的主要仪表

序　号	位　号	仪表用途	仪表位置	规　格		执行器
				传感器	显示仪	
1	FIC01	空气流量控制	集中	0~150 m³/h 涡轮流量计	AI-708B	变频器
2	PI01	分配器中水蒸气的压力	现场		指针压力表	
3	PIC02	水蒸气压力控制	集中	0~400 kPa 压力传感器	AI-708B	电动调节阀
4	PI03	P101 出口空气压力	集中	0~20 kPa 压力传感器	AI-501D	
5	TI01	E102 进口空气温度	集中	Pt100 热电阻	AI-501D	
6	TI02	E102 出口空气温度	集中			
7	TI03	E101 进口空气温度	集中			
8	TI04	E101 出口空气温度	集中			
9	TI05	E103 进口空气温度	集中			
10	TI06	E103 出口空气温度	集中			
11	TI07	出口总管空气温度	集中			

(三)工艺流程

本实验所采用的换热器分别为单管程列管式换热器、板式换热器和螺旋板式换热器,通过逆流间壁式接触达到换热的目的。装置带控制点的工艺流程如图 2-13 所示。

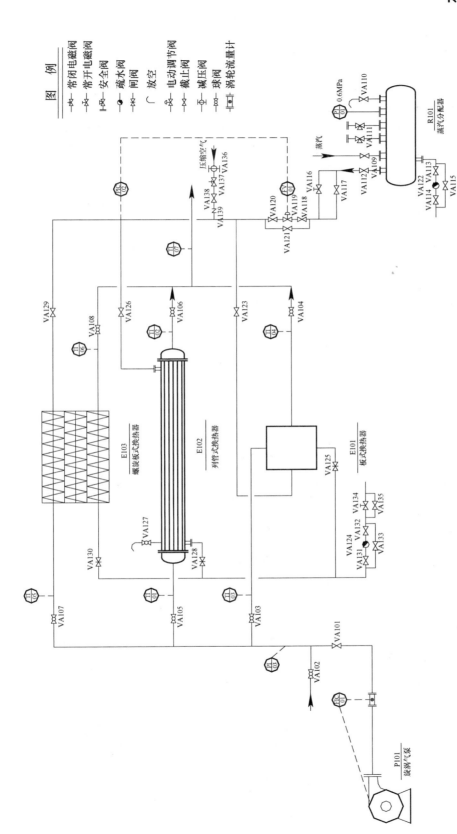

图 2-13　空气—水蒸气传热装置流程

空气由旋涡气泵提供，经过换热器加热之后放空。

水蒸气由蒸汽发生器提供，在蒸汽分配器内缓冲之后进入换热器，与空气换热之后冷凝成液体，通过疏水器阀组排出。

热流体以汽化潜热的方式将热量传递给换热器壁，之后热量以热传导的方式由换热器壁的外侧传递至内侧，传递至换热器壁内侧的热量又以对流的方式传递给冷流体。操作稳定之后，整个换热器中，单位时间内热流体放出的热量等于冷流体吸收的热量（在不计热损失的前提下）。

二、生产控制

在化工生产中，对各工艺变量有一定的控制要求。有些工艺变量对产品的数量和质量起着决定性的作用。例如，空气流量和空气出口温度直接影响后续过程，蒸汽压力直接反映热流体的温度。

实现控制要求有两种方式，一是人工控制，二是自动控制。自动控制是在人工控制的基础上发展起来的，使用自动化仪表等控制装置代替人观察、判断、决策和操作。

先进控制策略在化工生产过程中的推广应用能够有效提高生产过程的平稳性和产品质量的合格率，对于降低生产成本、节能减排降耗、提升企业的经济效益具有重要意义。

（一）操作指标

1. 压力控制

蒸汽发生器压力：≤0.3 MPa；

蒸汽分配器压力：≤0.2 MPa；

换热器蒸汽压力：40～100 kPa；

压缩空气压力：0.15～0.3 MPa。

2. 流量控制

进入换热器的空气流量：40～100 m^3/h。

3. 温度控制

空气出口温度：≤90 ℃；

电机温升：≤65 ℃。

（二）控制方法

空气流量控制见图 2-14。

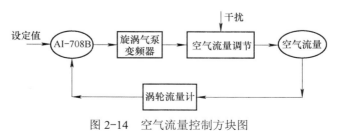

图 2-14　空气流量控制方块图

蒸汽压力控制见图2-15。

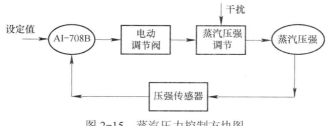

图 2-15　蒸汽压力控制方块图

三、物耗、能耗指标

本实训装置的物料消耗为：水、空气。

本实训装置的能量消耗为：蒸汽发生器耗电；旋涡气泵耗电。

表 2-8　传热装置物耗、能耗一览表

名　称	耗　量	名　称	耗　量
空气	150 m³/h	旋涡气泵	2.2 kW
		蒸汽发生器	9 kW
总计	150 m³/h	总计	11.2 kW

注：电能的实际消耗与操作状况有关。

四、操作步骤

（一）开车准备

（1）了解列管式换热器传热的基本原理。

（2）热蒸汽走壳程，壳程容积大，可以接受大的容积变化；热蒸汽洁净，不易结垢，对洗涤无要求；冷凝液易于排出，换热效果好。冷空气走管程，因为空气在管内流动性好，能量损失少，可以强化换热效果。

（3）熟悉空气-水蒸气传热实训工艺流程、实训装置及主要设备。

（4）检查公用工程（水蒸气、电）是否处于正常供应状态。

（5）检查流程中的各阀门是否处于正常开车状态。

（6）关闭阀门 VA101、VA102、VA103、VA104、VA105、VA106、VA107、VA108、VA109、VA110、VA112、VA115、VA117、VA121、VA122、VA123、VA124、VA125、VA126、VA127、VA128、VA129、VA130、VA133、VA135、VA136、VA137、VA138。

（7）全开阀门 VA113、VA114、VA118、VA120、VA131、VA132。

（8）设备通电，检查各仪表状态是否正常，动设备试车。

（9）了解本实训所用蒸汽、空气和压缩空气的来源。

（10）按照要求制定操作方案。

发现异常情况必须及时报告指导教师进行处理。

（二）冷态开车

本实训所用空气由旋涡气泵 P101 提供。

1. 打开仪表柜总电源

通过变频器将空气流量显示与控制仪表值（FIC01）设定为 40～100 m³/h 之间的某一数值，空气流量通过涡轮流量计测量，变频器输出适宜的电源频率来调节旋涡气泵的转速，从而控制空气流量。

2. 启动旋涡气泵 P101

空气由旋涡气泵吹出，空气压力由压力表 PI03 显示，空气由支路控制阀进入换热器。

（1）板式换热器 E101。打开阀门 VA103 和 VA104，空气通过入口阀门 VA103 进入板式换热器 E101，与蒸汽呈逆流流动，通过出口阀门 VA104 排出。空气入口温度由温度显示仪 TI03 显示，出口温度由温度显示仪 TI04 显示。通过换热，空气温度升高。

（2）列管式换热器 E102。打开阀门 VA105 和 VA106，空气通过入口阀门 VA105 进入列管式换热器 E102 的管程，与壳程的蒸汽呈逆流流动，通过出口阀门 VA106 排出。空气入口温度由温度显示仪 TI01 显示，出口温度由温度显示仪 TI02 显示。通过换热，空气温度升高。

（3）螺旋板式换热器 E103。打开阀门 VA107 和 VA108，空气通过入口阀门 VA107 进入螺旋板式换热器 E103，与蒸汽呈逆流流动，通过出口阀门 VA108 排出。空气入口温度由温度显示仪 TI05 显示，出口温度由温度显示仪 TI06 显示。通过换热，空气温度升高。

3. 开热蒸汽

本实训所用蒸汽由蒸汽发生器供给，最高蒸汽压力为 0.3 MPa，缓慢打开蒸汽分配器上的蒸汽总管进汽阀门 VA109，使水蒸气进入蒸汽分配器 R101。注意观察压力表 PI01，其稳定在指定值（表压 0.2 MPa）后蒸汽即可用于实训。

蒸汽通过支路控制阀进入换热器 E101/E102/E103。蒸汽流量由 FV01 控制，蒸汽压力由 PIC02 显示与控制（40～100 kPa），通过调节控制阀的设定值来调节蒸汽流量。

（1）板式换热器 E101。依次打开阀门 VA123、VA125，蒸汽通过入口阀门 VA123 进入 E101，与空气呈逆流接触。通过换热，蒸汽变为冷凝水，从换热器的另一端通过出口阀门 VA125、VA131、VA132、VA134 和疏水器排出。

（2）列管式换热器 E102。依次打开阀门 VA126、VA127、VA128，蒸汽通过入口阀门 VA126 进入列管式换热器 E102 的壳程，与管程的空气呈逆流接触。通入蒸汽 2 分钟后，关闭阀门 VA127。通过换热，蒸汽变为冷凝水，从换热器的另一端通过出口阀门 VA128、VA131、VA132、VA134 和疏水器排出。

（3）螺旋板式换热器 E103。依次打开阀门 VA129 和 VA130，蒸汽通过入口阀门 VA129 进入螺旋板式换热器 E103，与空气呈逆流接触。通过换热，蒸汽变为冷凝水，从换热器的另一端通过出口阀门 VA130、VA131、VA132、VA134 和疏水器排出。

注意：在正常操作中，只能有一个换热器处于工作状态；开车过程中如发现异常现象，必须及时报告指导教师进行处理。

（三）正常操作

（1）经常检查空气的流量是否在正常范围内；

（2）经常检查水蒸气和空气的压力变化，尤其是水蒸气的压力变化，避免因压力变化而造成温度变化，还应避免水蒸气压力过高，出现异常现象要及时查明原因，排除故障；

（3）定期测定水蒸气和空气进、出口温度的变化，每5分钟记录一次数据；

（4）在操作过程中应定时排出不凝气体和冷凝液；

（5）定时检查换热器有无渗漏、振动现象，应当及时排除异常现象；

（6）当换热过程稳定20分钟后，准备停车。

（四）正常停车

（1）关闭蒸汽分配器上的蒸汽总管进汽阀门VA109；

（2）待蒸汽分配器R101的放空口VA110没有蒸汽逸出后，关闭换热器的蒸汽入口阀门VA112；

（3）待空气出口温度降至40℃后，关闭旋涡气泵电源；

（4）关闭换热器的空气入口阀门VA103/VA105/VA107；

（5）关闭换热器的空气出口阀门VA104/VA106/VA108；

（6）关闭总电源；

（7）检查停车后各设备、阀门、蒸汽分配器的状态。

五、安全生产技术

（一）生产事故及处理预案

1．空气出口温度突然升高

造成空气出口温度突然升高的原因主要有空气流量减小、换热器蒸汽压力升高、空气入口温度升高和加热蒸汽漏入空气。

（1）检查空气流量、空气入口温度和换热器蒸汽压力的示值。

① 如空气入口温度、换热器蒸汽压力和空气流量的示值正常，则进行换热器的切换，并通知维修工进行换热器的检修；

② 换热器如蒸汽压力和空气流量的示值正常而空气入口温度偏高，则将换热器蒸汽压力下调，观测空气出口温度，至回到正常值停止调节；

③ 如换热器蒸汽压力和空气入口温度的示值正常而空气流量偏低，则将空气流量调回原值，观测空气出口温度是否回到正常值；

④ 如空气流量和空气入口温度的示值正常而换热器蒸汽压力偏高，可能是蒸汽分配器至换热器管路上的电动调节阀发生故障无法关小或蒸汽分配器压力过大而导致电动调节阀调节失灵造成的，首先检查蒸汽分配器的蒸汽压力，如压力过大则关小蒸汽入口阀门VA109，看换热器蒸汽压力是否回到正常值，如蒸汽分配器压力正常而换热器蒸汽压力无法回到正常值，则减小蒸汽分配器至换热器管路上的阀门VA112的开度，使换热器蒸汽压力回到正常值，同时向指导教师报告电动调节阀故障。

（2）待操作稳定后，记录实训数据。

2. 空气出口温度降低

造成空气出口温度降低的原因主要有空气流量增大、换热器蒸汽压力下降、空气入口温度下降、换热器中的冷凝液未及时排出、换热器中存在不凝气和换热器的传热性能下降（如污垢热阻增大）。

（1）检查空气流量、空气入口温度和换热器蒸汽压力的示值。

① 如空气入口温度、换热器蒸汽压力和空气流量的示值正常，则打开换热器上的不凝气排空阀 VA127 2～3 分钟，排出不凝气后，观测空气出口温度是否回到正常值；如空气出口温度依然偏低，检查冷凝水排出管路上的阀门状态是否正确，如正确可初步判断电磁阀损坏，可以打开与其并联的阀 VA135，观察疏水器是否有冷凝水排出，如无冷凝水排出，打开与疏水器并联的阀 VA133 少许，观察是否有冷凝水排出，冷凝水排出后，观测空气出口温度是否回到正常值；如上述操作无法使空气出口温度正常，则进行换热器的切换，并通知维修工进行换热器的检修。

② 如换热器蒸汽压力和空气流量的示值正常而空气入口温度偏低，则将换热器蒸汽压力上调，观测空气出口温度，至回到正常值停止调节。

③ 如换热器蒸汽压力和空气入口温度的示值正常而空气流量偏高，则将空气流量调回原值，观测空气出口温度是否回到正常值。

④ 如空气流量和空气入口温度的示值正常而换热器蒸汽压力偏低，可能是因为蒸汽分配器至换热器管路上的阀门或电磁阀发生故障导致阻力太大，蒸汽无法通过或蒸汽分配器压力过小，首先检查蒸汽分配器的蒸汽压力，如压力过小则开大蒸汽入口阀门 VA109，看换热器蒸汽压力是否回到正常值，如蒸汽分配器压力正常而换热器蒸汽压力无法回到正常值，则将与电磁阀并联的阀门 VA117 打开，观察换热器蒸汽压力是否能自动调回原值，观测空气出口温度是否回到正常值，如能回到正常值，进行操作并向指导教师汇报电磁阀故障，如蒸汽分配器的蒸汽压力 PI01 过小，不能使换热器蒸汽压力 PIC02 回到正常值，应及时向指导教师报告并给出减量操作的空气流量值。

（2）待操作稳定后，记录实训数据。

（二）工业卫生和劳动保护

进入化工单元实训基地必须穿戴劳动防护用品，在指定区域正确戴上安全帽，穿上安全鞋，在任何作业过程中佩戴安全防护眼镜和合适的防护手套。无关人员未经允许不得进入实训基地。

1. 用电安全

（1）进行实训之前必须了解室内总电源开关与分电源开关的位置，以便出现用电事故时及时切断电源；

（2）在打开仪表柜电源前，必须弄清楚每个开关的作用；

（3）启动电机前先盘车，通电后立即查看电机是否启动，若启动异常，应立即断电，避免电机烧毁；

（4）在实训过程中，如果发生停电情况，必须切断电闸，以防操作人员离开现场后，因突然供电而导致电器设备在无人看管下运行；

（5）不要打开仪表控制柜的后盖和强电桥架盖，电器出现故障时应请专业人员进行电器的维修。

2．烫伤的防护

由于本实训装置使用蒸汽，因此凡是有蒸汽通过的地方都有烫伤的可能，尤其是没有保温层覆盖的地方更应注意。空气被加热后温度很高，疏水器的排液温度更高，不能站在热空气和疏水器排液出口处，以免烫伤。

3．蒸汽分配器的使用

蒸汽分配器为压力容器，应按国家标准进行定期检验与维护，不允许不经检验使用。

4．环保

不得随意丢弃化学品，不得随意乱扔垃圾，应避免水、能源和其他资源的浪费，保持实训基地的环境卫生。本实训装置无"三废"产生。

5．行为规范

（1）不准吸烟；
（2）保持实训环境整洁；
（3）不准从高处乱扔杂物；
（4）不准随意坐在灭火器箱、地板和教室外的凳子上；
（5）非紧急情况不得随意使用消防器材（训练除外）；
（6）不得倚靠在实训装置上；
（7）在实训场地、教室里不得打骂和嬉闹；
（8）使用后的清洁用具按规定放置整齐。

◆ 任务计划与实施

表 2-9　工作任务计划与实施表

专业		班级		姓名		学号	
组别		任务名称	传热实际操作		参考学时		8
任务描述	完成换热器的冷态开车、正常操作与正常停车的操作						
任务计划及实施过程							

◆ 任务评价

表 2-10   工作任务评价单

班级		姓名		学号		成绩	
组别		任务名称	传热实际操作		参考学时		8
序号	评价内容		分数	自评分	互评分	组长或教师评分	
1	课前准备（课前预习情况）		5				
2	知识链接（完成情况）		25				
3	任务计划与实施		35				
4	实训效果		30				
5	遵守课堂纪律		5				
总分			100				
综合评价（自评分×20%+互评分×40%+组长或教师评分×40%）							
组长签字：				教师签字：			

思 考 题

1. 开车时不排出不凝气会有什么后果？如何操作才能排净不凝气？
2. 为什么停车后管程和壳程都要高点排气、低点泄液？
3. 影响间壁式换热器传热量的因素有哪些？
4. 传热有哪几种基本方式？各自的特点是什么？
5. 在列管式换热器中，为什么空气走管程而热蒸汽走壳程？
6. 冷、热流体流动通道的选择原则有哪些？
7. 螺旋板式换热器的结构和防堵塞原理是什么？

项目三

精馏操作

知识与技能目标

1. 理解精馏操作的原理，会分析精馏操作的影响因素；
2. 熟悉精馏的工艺流程；
3. 熟悉精馏设备的操作规程，会进行精馏设备的开停车及正常操作；
4. 熟悉精馏系统中常见的设备及仪表；
5. 熟悉精馏操作过程中常见异常现象的判别方法，会分析和处理常见故障。

任务一 认识精馏

◈ 任务导入

某化工厂欲对质量分数为 15% 的乙醇水溶液进行提纯，使产品质量分数达到 96% 以上，年产量达到 12 万吨，要求设计分离过程，使其满足上述生产要求。

◈ 任务分析

通过对水和乙醇的物理性质进行对比，发现它们的挥发度相差较大，要分离挥发度差异比较大的组分，依据什么原理，采用什么设备，通过怎样的流程才能完成任务呢？为了解决这些问题，我们必须掌握相关的原理、工艺流程以及相关设备等知识。

◈ 知识链接

混合物的分离是化工生产中的重要过程。混合物可分为非均相物系和均相物系。非均相物系主要依靠质点运动与流体流动原理实现分离。而化工生产中遇到的大多是均相混合物，例如，石油是由许多碳氢化合物组成的液相混合物，空气是由氧气、氮气等组成的气相混合物。

均相物系的分离条件是必须形成一个两相物系，然后依据物系中不同组分间某种物性的差异，使某个组分或某些组分从一相向另一相转移，以达到分离的目的。精馏是分离液体混合物的典型单元操作，它通过加热造成气、液两相物系，利用物系中各组分挥发度不同的特性达到分离的目的。

一、基本理论

（一）理想二元溶液的气液平衡关系

气液平衡关系是指一定条件下，溶液与其上方的蒸气达到平衡时气液相组成之间的关系。

1. 理想溶液

不同组分分子之间的吸引力和纯组分分子之间的吸引力完全相同的溶液称为理想溶液。理想溶液各组分混合时，没有体积变化，也没有热效应。

真正的理想溶液并不存在，一般把性质极其相似的物质所组成的溶液及烃类同系物等所组成的溶液认为是理想溶液，如苯和甲苯、甲醇和乙醇等组成的溶液。

2. 拉乌尔定律

拉乌尔定律是指在一定温度下，溶液上方的蒸气中某一组分的分压等于该纯组分在该温度下的饱和蒸气压乘以该组分在液相中的摩尔分数。其表达式为

$$p_A = p_A^0 x_A \tag{3-1}$$

$$p_B = p_B^0 x_B = p_B^0 (1 - x_A) \tag{3-2}$$

式中　p_A、p_B——平衡时，溶液上方组分 A、B 的蒸气分压，Pa；

p_A^0、p_B^0——在同一温度下，纯组分 A、B 的饱和蒸气压，Pa；

x_A、x_B——组分 A、B 在液相中的摩尔分数。

3. 理想二元溶液的平衡关系式

理想溶液的蒸气是理想气体，服从道尔顿分压定律，即总压等于各组分分压之和：

$$p = p_A + p_B \tag{3-3}$$

式中　p——气相的总压，Pa；

p_A、p_B——组分 A、B 的分压，Pa。

将式（3-1）和式（3-2）代入式（3-3），得

$$x_A = \frac{p - p_B^0}{p_A^0 - p_B^0} \tag{3-4}$$

若将气相组成用摩尔分数表示，则

$$y_A = \frac{p_A}{p} = \frac{p_A^0 x_A}{p_A^0 x_A + p_B^0 (1 - x_A)} \tag{3-5}$$

式（3-4）和式（3-5）均称为理想二元溶液的气液相平衡关系式。通过这两个公式可以求得一定操作温度和压力下，各组分在液相和气相中的平衡组成。

（二）T–x（y）图和 y–x 图

1. 沸点-组成[T–x（y）]图

由式（3-4）和式（3-5）可以看出，气液相平衡时，气液相组成 y、x 只与组分的饱和蒸气压有关，各组分的饱和蒸气压只与温度有关，故气液相组成只取决于温度，随温度变化而变化。沸点-组成[T–x（y）]图可以将这种变化关系清晰地表示出来。

T–x（y）图以溶液的沸点温度 T 为纵坐标，以易挥发组分的液相组成（或气相组成）为横坐标，其数据通常由实验测得。表 3-1 列出了 p=101.3 kPa 时，不同温度下苯和甲苯的饱和蒸气压以及按式（3-4）和式（3-5）逐点计算出的各温度下的 x_A、y_A 值，依据表中的数据即可绘出苯-甲苯溶液的 T–x（y）图，如图 3-1 所示。

表 3-1　苯-甲苯溶液的气液平衡组成

沸点/K	饱和蒸气压/kPa		$x_A = \dfrac{p - p_B^0}{p_A^0 - p_B^0}$	$y_A = \dfrac{p_A^0 x_A}{p}$	沸点/K	饱和蒸气压/kPa		$x_A = \dfrac{p - p_B^0}{p_A^0 - p_B^0}$	$y_A = \dfrac{p_A^0 x_A}{p}$
	苯 p_A^0	甲苯 p_B^0				苯 p_A^0	甲苯 p_B^0		
353.2	101.3	40.0	1.000	1.000	373.0	179.4	74.6	0.225	0.452
357.0	113.6	44.4	0.830	0.930	377.0	199.4	83.3	0.155	0.304
361.0	127.7	50.6	0.693	0.820	381.0	221.2	93.9	0.058	0.128
365.0	143.7	57.6	0.508	0.720	383.4	233.0	101.3	0.000	0.000
369.0	160.7	65.7	0.376	0.596					

图 3-1 中有两条曲线，下面的实线表示平衡时液相组成 x 与温度 T 的关系，称为液相线；上面的虚线表示平衡时气相组成 y 与温度 T 的关系，称为气相线。这两条曲线把图形划分成三个区域：①液相区，也称过冷液相区，处于液相线以下，溶液呈未沸腾状态；②气液共存区，处于气相线与液相线之间，气液两相同时存在；③气相区，也称过热蒸气区，处于气相线以上，溶液全部汽化。

从图 3-1 中可以看出，组成为 x_1、温度为 T_0（A 点）的溶液为过冷液体。将此溶液加热升温至 T_1（J 点）时，溶液开始沸腾，产生第一个气泡，相应的温度称为泡点。同样，将组成为 y_3（y_3=x_1）、温度为 T_4（B 点）的过热蒸气冷却，降温至 T_3（H 点）时，混合气开始冷凝，产生第一个液滴，相应的温度称为露点。显然，在一定的外压下，泡点、露点与混合液的组成有关。液相线又称泡点曲线，气相线又称露点曲线。

T–x（y）图对精馏过程的研究具有重要作用，主要体现在以下三方面。

（1）借助 T–x（y）图，可以清晰地说明蒸馏的原理。

（2）可以很简便地求得任一沸点下气液相的平衡组成。例如，从图 3-1 中可以看出，沸点为 T_3 时的液相组成即为 C 点所对应的横坐标值（x=0.27），气相组成即为 H 点所对应的横坐标值（y=0.50）。反之，若已知相的组成，也能从图中查得两相平衡时的沸点温度。

（3）可以看出液体混合物的沸点范围。例如，纯苯的沸点 T_A=353 K，纯甲苯的沸点 T_B=383 K，混合液的沸点则介于 T_A 与 T_B 之间，并且随着组成不同而变化。一般液体混合物没有固定的沸点，只有一个沸点范围。易挥发组分含量增加时，混合液的沸点降低；反之则升高。

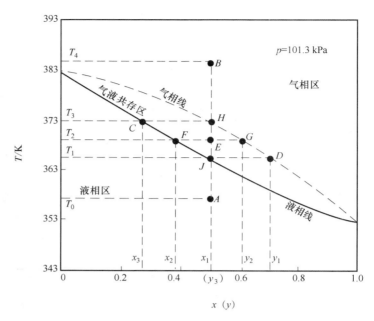

图 3-1 苯-甲苯溶液的 T-x（y）图

2. 气液平衡曲线（y-x 图）

为了计算方便，工程上常把气相组成 y 和液相组成 x 的平衡关系绘成相图，这种相图称为气液平衡曲线（y-x 图）。图 3-2 所示的 y-x 图是利用表 3-1 的数据绘成的苯-甲苯混合液的气液平衡曲线。图中的平衡曲线反映了混合液中易挥发组分苯的液相组成与气相组成之间的关系。例如，若液相组成 $x=0.40$，则与其平衡的气相组成 $y=0.62$。图中的对角线称为参考线，参考线上的任一点的气液相组成都相等，即 $x=y$。

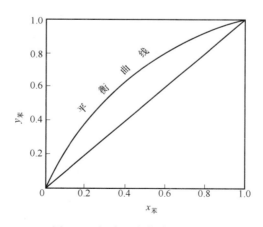

图 3-2 气液平衡曲线（y-x 图）

多数混合液的平衡曲线都位于对角线之上。就是说在沸腾时，气相中易挥发组分的含量总是大于液相中易挥发组分的含量，即 $y_A > x_A$，这进一步补充说明了蒸馏操作的依据。显然，平衡曲线离对角线越远，溶液越容易分离。

（三）非理想二元溶液的气液相平衡

实际生产中要处理的混合液大多数都不是理想溶液，即不同种分子间的吸引力与同种分子间的吸引力不相等，不符合拉乌尔定律，这种溶液称为非理想溶液。非理想溶液有以下两种。

1. 具有正偏差的非理想溶液

具有正偏差的非理想溶液是不同种分子间的作用力小于同种分子间的作用力的溶液。在这种溶液中不同种分子间存在相互排斥的倾向，因而溶液上方的蒸气中各组分的蒸气分压值均大于同温度下拉乌尔定律的计算值，故称为有正偏差。这种溶液上方的蒸气压在较低温度下即能与外界压力相等，于是溶液沸点降低，在 $T-x(y)$ 图上表现为泡点曲线比理想溶液的低。乙醇-水溶液就属于这类具有正偏差的非理想溶液。

当不同组分分子间的排斥作用大到一定程度时，在 $T-x(y)$ 图上会出现一个气相线和液相线相切的最低点 M，在 $y-x$ 图上会出现一个气液平衡曲线与对角线的交点 M'，如图 3-3 和图 3-4 所示。在该点溶液的沸点最低，气相组成与液相组成相同，即 $y=x$，故该点的温度称为最低共沸点，又称为最低恒沸点，该点的气液相组成称为共沸组成，这种组成的混合液称为共沸物。乙醇和水形成的溶液是具有最低恒沸点的典型溶液，乙醇的共沸组成 $x_M=0.894$，最低恒沸点为 351.15 K。具有最低共沸组成的溶液还有水和苯、水和二氯乙烷、乙醇和正己烷等的混合液。

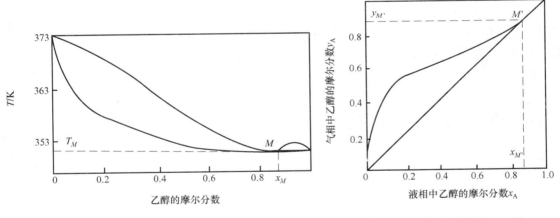

图 3-3　乙醇-水溶液的 $T-x(y)$ 图　　　　图 3-4　乙醇-水溶液的 $y-x$ 图

2. 具有负偏差的非理想溶液

具有负偏差的非理想溶液是不同种分子间的作用力大于同种分子间的作用力的溶液。在这种溶液中不同种分子间存在相互吸引的倾向，难以汽化，因而溶液上方的蒸气中各组分的蒸气分压值均小于同温度下拉乌尔定律的计算值，故称为有负偏差。在 $T-x(y)$ 图上表现为泡点曲线比理想溶液的高。硝酸-水溶液即属于这类具有负偏差的非理想溶液。

同理，当不同组分分子间的吸引作用大到一定程度时，也会出现最低蒸气压和相应的最高共沸点。如图 3-5 所示，硝酸-水溶液的 $T-x(y)$ 图中的 E 点就是该溶液的最高共沸点，为 395 K，从图 3-6 可以看出，硝酸的共沸组成 $x_E=0.383$。具有最高共沸组成的溶液还有水和盐酸、水和甲酸、丙酮和氯仿等的混合液。

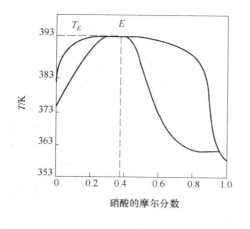

图 3-5 硝酸-水溶液的 $T-x(y)$ 图   图 3-6 硝酸-水溶液的 $y-x$ 图

总之，对于具有最大正偏差或最大负偏差的溶液，若采用普通精馏进行组分分离，浓度只能提高到共沸点。到了共沸点，其组成直至蒸干也不会改变，因为气液两相平衡时已没有组成差，即 $y_A=x_A$。显然，共沸物由于沸腾时气液两相组成相同，不能用一般的蒸馏方法分离，其分离必须采用特殊蒸馏或其他方法。

（四）挥发度和相对挥发度

利用 $T-x(y)$ 图、$y-x$ 图可以判断溶液中的两组分是否能分离和分离的难易程度，但前提是必须有溶液中各组分的气液平衡数据，还要作图，比较麻烦。用相对挥发度来断断分离的难易程度则相对简单得多。

1．挥发度

挥发度表示某种物质（组分）挥发的难易程度。气液平衡时，某组分在气相中的分压与其在液相中的摩尔分数之比称为该组分的挥发度，用符号 v 表示，单位为 Pa。

$$v_A = \frac{p_A}{x_A} \tag{3-6}$$

$$v_B = \frac{p_B}{x_B} \tag{3-7}$$

式中 v_A、v_B——组分 A、B 的挥发度，Pa；

  p_A、p_B——组分 A、B 在平衡气相中的分压，Pa；

  x_A、x_B——组分 A、B 在平衡液相中的摩尔分数。

2．相对挥发度

混合液中两组分的挥发度之比称为相对挥发度，用 α 表示。对于双组分溶液，组分 A 对组分 B 的相对挥发度记作 α_{AB}。

$$\alpha_{AB} = \frac{v_A}{v_B} = \frac{\dfrac{p_A}{x_A}}{\dfrac{p_B}{x_B}} = \frac{p_A}{p_B} \frac{x_B}{x_A} \tag{3-8}$$

若操作压力不高，气体遵循道尔顿分压定律，$p_A=py_A$、$p_B=py_B$，则由式（3-8）得

$$\alpha_{AB}=\frac{y_A}{y_B}\frac{x_B}{x_A} \tag{3-9}$$

对于理想溶液，$p_A=p_A^0 x_A$、$p_B=p_B^0 x_B$，则有

$$\alpha_{AB}=\frac{p_A}{p_B}\frac{x_B}{x_A}=\frac{p_A^0}{p_B^0} \tag{3-10}$$

式（3-10）说明理想溶液中两组分的相对挥发度等于两纯组分的饱和蒸气压之比。

3．用相对挥发度表示相平衡关系

对于二元溶液，$x_B=1-x_A$、$y_B=1-y_A$，整理式（3-9）可得

$$y_A=\frac{\alpha_{AB}x_A}{1+(\alpha_{AB}-1)x_A} \tag{3-11}$$

式（3-11）称为用相对挥发度表示的相平衡关系，它是相平衡关系的另一种表达形式。用相对挥发度可以判断混合液分离的难易程度。以理想溶液为例，当$\alpha>1$或$\alpha<1$时，说明p_A^0与p_B^0相差较大，即两组分的沸点相差较大，这种液体混合物能够分离；当$\alpha=1$时，$y_A=x_A$，这种液体混合物无法用普通蒸馏和精馏的方法分离。α值越大，说明两组分的沸点差越大，越容易分离；α值越接近1，则越难分离。

二、精馏原理

精馏是根据溶液中各组分挥发度（或沸点）的差异使各组分得以分离。其中较易挥发的称为易挥发组分（或轻组分），较难挥发的称为难挥发组分（或重组分）。它通过气液两相直接接触使易挥发组分由液相向气相传递，难挥发组分由气相向液相传递，属于气液两相之间的传递过程。

现以第n块板（图3-7）为例来分析精馏过程和原理。

塔板形式有多种，最简单的一种是板上有许多小孔（称筛板），每层板上都装有降液管，来自下一层（$n+1$层）的蒸气通过板上的小孔上升，从上一层（$n-1$层）来的液体通过降液管流到第n块板上，在第n块板上气液两相充分接触，进行能量和质量的传递。进、出第n块板的物流有如下四种：

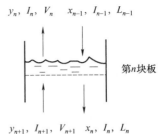

图3-7　第n块板的质量和能量衡算

（1）由第$n-1$块板溢流下来的液体，量为L_{n-1}，组成为x_{n-1}，温度为t_{n-1}；

（2）由第n块板上升的蒸气，量为V_n，组成为y_n，温度为t_n；

（3）从第n块板溢流下去的液体，量为L_n，组成为x_n，温度为t_n；

（4）由第$n+1$块板上升的蒸气，量为V_{n+1}，组成为y_{n+1}，温度为t_{n+1}。

　　因此，当组成为 x_{n-1} 的液体及组成为 y_{n+1} 的蒸气同时进入第 n 块板时，由于存在温度差和浓度差，气液两相在第 n 块板上充分接触进行传质和传热，若气液两相在板上的接触时间较长，接触比较充分，那么离开该板的气液两相相互平衡，通常称这种板为理论板（y_n、x_n 平衡）。精馏塔中的每块板上都进行着与上述相似的过程，其结果是上升蒸气中易挥发组分的浓度逐渐增大，下降液体中难挥发组分越来越浓，只要塔内有足够多的塔板，就可使混合物达到所要求的分离纯度（共沸情况除外）。

　　加料板把精馏塔分为两段，加料板以上的塔，即塔的上半部完成上升蒸气的精制，除去其中的难挥发组分，称为精馏段。加料板以下（包括加料板）的塔，即塔的下半部完成下降液体中难挥发组分的提浓，除去其中的易挥发组分，称为提馏段。一个完整的精馏塔应包括精馏段和提馏段。

　　精馏段的操作方程为

$$y_{n+1} = \frac{R}{R+1} x_n + \frac{x_D}{R+1} \tag{3-12}$$

　　提馏段的操作方程为

$$y_{n+1} = \frac{RD+qF}{(R+1)D-(1-q)F} x_n - \frac{F-D}{(R+1)D-(1-q)F} x_w \tag{3-13}$$

式中　R——操作回流比；

　　　　F——进料的摩尔流率，kmol/s；

　　　　W——釜液的摩尔流率，kmol/s；

　　　　L——提馏段下降液体的摩尔流率 kmol/s；

　　　　q——进料的热状况参数。

　　部分回流时，进料的热状况参数的计算式为

$$q = \frac{c_{pm}(t_{BP} - t_F) + r_m}{r_m} \tag{3-14}$$

式中　t_F——进料温度，℃；

　　　　t_{BP}——进料的泡点温度，℃；

　　　　c_{pm}——进料液体在平均温度[$(t_F + t_{BP})$/2]下的比热，J/（kg·℃）；

　　　　r_m——进料液体在其组成和泡点温度下的汽化热，J/kg。

$$c_{pm} = c_{p1}x_1 + c_{p2}x_2 \tag{3-15}$$

$$r_m = r_1 x_1 + r_2 x_2 \tag{3-16}$$

式中　c_{p1}、c_{p2}——纯组分 1 和纯组分 2 在平均温度下的比热，J/（kg·℃）；

　　　　r_1、r_2——纯组分 1 和纯组分 2 在泡点温度下的汽化热，J/kg；

　　　　x_1、x_2——纯组分 1 和纯组分 2 在进料中的摩尔分数。

　　精馏操作涉及气液两相间的传热和传质过程。塔板上两相间的传热速率和传质速率不仅取决于物料的性质和操作条件，还与塔板结构有关，因此很难用简单的方程加以描述。引入理论板的概念可使问题简化。

　　所谓理论板，是指气液两相在其上充分混合，且传热和传质过程阻力为零的理想化塔板。因此不论进入理论板的气液两相组成如何，离开该板时气液两相都达到平衡状态，即两相温度相等，组成互相平衡。

　　实际上，由于板上气液两相的接触面积和接触时间是有限的，因此在任何形式的塔板上，气液两相均难以达到平衡状态，即理论板是不存在的，理论板仅作为衡量实际板分离效率的依据和标准。通常，在精馏计算中先求得理论板数，然后利用塔板效率予以修正，求得实际板数。引入理论板的概念对精馏过程的分析和计算是十分有用的。

　　对于二元物系，如已知其气液平衡数据，则根据精馏塔的原料液组成、进料热状况、操作回流比、塔顶馏出液组成及塔底釜液组成可采用图解法或逐板计算法求出该塔的理论板数 N_T。按照式（3-17）可以求得总板效率 E_T，其中 N_P 为实际板数。

$$E_T = \frac{N_T - 1}{N_P} \times 100\% \qquad (3-17)$$

三、主要设备

　　精馏塔是进行精馏操作的一种塔式气液接触装置，其基本功能是为气液两相提供充分接触的机会，使传热和传质过程迅速而有效地进行；使接触后的气液两相及时分开，互不夹带。根据塔内气液两相接触部件的结构形式，精馏塔分为板式塔和填料塔两大类。

　　通常板式塔用于生产能力较大或需要较大塔径的场合。在板式塔中，蒸气与液体接触比较充分，传质良好，单位容积的生产强度比填料塔大。本任务中主要介绍板式塔。

　　好的塔板结构应当满足以下要求：

　　（1）塔板效率高，对于难以分离、要求塔板数较多的系统尤其重要；

　　（2）生产能力大，即单位截面积上所能通过的气、液量大，可以在较小的塔中完成较大的生产任务；

　　（3）操作稳定，操作弹性大，即塔内气液相负荷有较大变化时，仍能保持较大的生产能力；

　　（4）气流通过塔板的压降小；

　　（5）结构简单，制造和维修方便，造价较低。

　　板式塔通常由一个呈圆柱形的壳体及沿塔高按一定的间距水平设置的若干层塔板所组成，如图 3-8 所示。它的主要部件有塔体、溢流装置、塔板及其构件等。

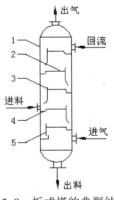

图 3-8　板式塔的典型结构
1—塔壳；2—塔板；3—溢流堰；
4—受液盘；5—降液管

1．塔体

　　塔体通常为圆柱形，一般用钢板焊接而成。全塔分成若干节，塔节间用法兰盘联结。

2．溢流装置

　　溢流装置包括出口堰、降液管、进口堰、受液盘等部件。

　　1）出口堰

　　为保证气液两相在塔板上有充分接触的时间，塔板上必须贮有一定量的液体，因此，在塔板的出口端设有溢流堰，称为出口堰。塔板上的液层厚度或持液量由堰高决定。生产中最常用的是弓形堰，小塔中也有将圆形降液管升出板面一定高度作为出口堰的。

　　2）降液管

　　降液管是塔板间的液流通道，也是溢流液中所夹带的气体被分离的场所。正常操作时，液体从上层塔板的降液管流出，横向流过塔板，翻越溢流堰，进入该层塔板的降液管，流向下层塔板。降液管有圆形和弓形两种，弓形降液管具有较大的降液面积，气液分离效果好，降液能力大，因此在生产中被广泛采用。

为了保证液流顺畅地流入下层塔板，并防止沉淀物堆积和堵塞液流通道，降液管与下层塔板间应有一定的间距。为保持降液管的液封，防止气体由下层塔板进入降液管，此间距应小于出口堰的高度。

3）受液盘

降液管下方的塔板通常称为受液盘，有凹型及平型两种，一般较大的塔采用凹型受液盘，平型则是塔板本身。

4）进口堰

在塔径较大的塔中，为了减小液体自降液管下方流出的水平冲击，常设置进口堰。为保证液流畅通，进口堰与降液管间的水平距离不应小于降液管与塔板的间距。

3. 塔板及其构件

塔板是板式塔内气液接触的场所，操作时气液在塔板上接触的好坏对传热、传质效率影响很大。在长期的生产实践中，人们不断地研究和开发出新型塔板，以改善塔板上的气液接触状况，提高板式塔的效率。目前工业生产中使用较为广泛的塔板类型有泡罩塔板、筛板塔板、浮阀塔板等几种，但泡罩塔已越来越少。

1）泡罩塔

泡罩塔是工业上应用最早的气液传质设备之一，它由装有泡罩的塔板和一些附属设备构成，如图 3-9 所示。每层塔板上都有蒸气通道、泡罩和溢流管等基本部件。上升蒸气通道 3 为一个短管，它是气体从塔板下的空间进入塔板上的空间的通道，短管的上缘高出板上的液面，塔板上的液体不能沿管向下流动。短管上覆以泡罩 2，泡罩下端开有许多齿缝，浸没在塔板上的液层中。操作时从短管上升的蒸气经泡罩的齿缝变成气泡喷出，气泡通过板上的液层，使气液接触面积增大，两相间的传热和传质过程得以有效进行。泡罩的形式多种多样，应用最为广泛的为圆形泡罩和条形泡罩两种，见图 3-10。

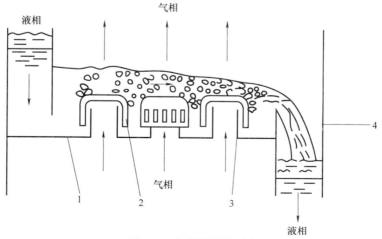

图 3-9　泡罩塔结构示意

1—塔板；2—泡罩；3—上升蒸气通道；4—溢流管

2）筛板塔

筛板塔是一种应用较早的板式塔。筛板塔的塔板由开有大量呈正三角形均匀排列的筛孔的塔板和溢流管构成，如图 3-11 所示。筛孔的直径一般为 3～8 mm，常用孔径为 4～5 mm。近年来 12～25 mm 的大孔径筛板也应用得相当普遍。正常操作时，上升气流通过筛孔分散成细小的气流，与塔板上的液体接触，进行传热和传质过程。上升气流阻止液体从筛孔向下泄漏，全部液体通过溢流管逐板下流。

筛板塔的优点是结构简单，加工制造方便，造价低，比泡罩塔生产能力大，塔板效率高，压降小，液面落差小等。其主要缺点是生产弹性小，小筛孔易堵塞。近年来逐渐采用的大孔径筛板使其性能得到较大的提高。

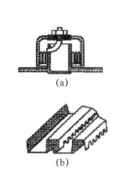

图 3-10　泡罩结构示意

（a）圆形泡罩　（b）条形泡罩

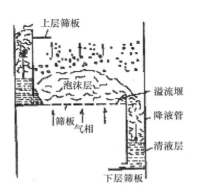

图 3-11　筛板塔塔板结构示意

3）浮阀塔

浮阀塔是 20 世纪 50 年代开发的一种塔型，其特点是在筛板塔的基础上，在每个筛孔处安装一个可上下移动的阀片。当通过筛孔的气速高时，阀片被顶起上升，当气速低时，阀片因自身重量而下降。阀片的位置随气流量大小自动调节，从而使进入液层的气速基本稳定。因气体在阀片下侧沿水平方向进入液层，既减少了液沫夹带量，又延长了气液接触时间，故收到了很好的传质效果。

F1 型浮阀是最常用的型号，如图 3-12 所示。阀片有三条"腿"用以限制其上下运动，在阀片随气流作用上升时起导向作用。F1 型浮阀的边缘上冲出三个凸部，使阀片静止在塔板上时仍能保持一定的开度。F1 型浮阀的直径为 48 mm，分轻阀和重阀两种，轻阀约 25 g，惯性小，易振动，关阀时有滞后现象，但压降小，常用于减压蒸馏；重阀约 33 g，关闭迅速，需较高的气速才能吹开，操作范围广，化工生产中多用重阀。

V4 型浮阀的结构如图 3-13 所示，其特点是阀孔被冲成向下弯曲的文丘里形，以减小气体通过塔板时的压力降。阀片除腿部相应加长外，其余结构尺寸与 F1 型轻阀相同。V4 型浮阀适用于减压系统。

T 型浮阀如图 3-14 所示，这种阀片借助固定于塔板上的支架来限制盘式阀片的运动范围，多用于易腐蚀、含颗粒或易聚合介质。

浮阀塔的优点是生产能力大，操作弹性大，塔板效率高，液面落差小，结构比泡罩塔简单，压降小，对物料适应性强，能处理较脏的物料等；缺点是浮阀对耐腐蚀性要求较高，不适于处理易结垢、易聚合及高黏度的物料，阀片易与塔板黏结，操作时有阀片脱落或卡阀等现象。

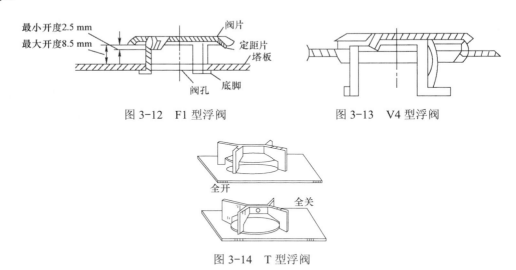

图 3-12　F1 型浮阀　　　　　图 3-13　V4 型浮阀

图 3-14　T 型浮阀

4）喷射塔板

喷射塔板是针对上述三种塔板的不足改进而成的新型塔板。泡罩塔板、筛板塔板和浮阀塔板在气液相接触过程中，气相与液相的流动方向不一致，当操作气速较高时，雾沫夹带现象严重，塔板效率下降，生产能力也受到限制。喷射塔板由于气相喷出的方向与液体流动的方向相同，利用气体的动能来强化气液两相的接触与搅动，克服了上述塔板的缺点，减小了塔板的压降和雾沫夹带量，使塔板效率得以提高。由于操作时可以采用较高的气速，生产能力也得到提高。

喷射塔塔板分为固定型喷射塔板和浮动型喷射塔板。固定型舌形喷射塔板结构如图 3-15 所示。塔板上有许多舌形孔，舌片与塔板面成一定的角度，向塔板的溢流出口侧张开，塔板的溢流出口侧不设溢流堰，只有降液管。操作时上升的气体穿过舌孔，以较高的速度沿舌片张开的方

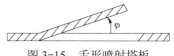

图 3-15　舌形喷射塔板

向喷出，与从上层塔板下降的液体接触，形成喷射状态，气、液强烈搅动，传质效率较高。其优点是开孔率较大，操作气速比较高，生产能力大。由于气体和液体的流动方向一致，液面落差小，雾沫夹带量小，塔板上的返混现象大为减轻，塔板效率较高，压降也较小。其缺点是舌形孔面积固定，操作弹性相对较小。另外，由于液流被气流喷射到降液管上，其通过降液管时会夹带气泡到下层塔板，使塔板效率降低。

浮动型喷射塔板上装有能浮动的舌片，如图 3-16 所示。塔板上的浮舌随气流速度变化而浮动，调节气流通道的截面积，使气流以适宜的气速通过缝隙，保持较高的塔板效率。其主要优点是生产能力大、压降小、操作弹性大、液面落差小等；缺点是有漏液及吹干现象，在液体量变化较大时，由于操作不太稳定而影响塔板效率。

导向筛板塔是为减压精馏设计的低阻力、高效率的筛板塔，其塔板结构如图 3-17 所示。

减压塔要求塔板阻力小，塔板上的液层薄而均匀。因此在结构上将液体入口处的塔板略提高形成斜台，以抵消液面落差的影响，并可在低气速时减少入口处的漏液；另外，部分筛板上还开有导向孔，使该处气体流出的方向和液流方向一致，利用部分气体的动能推动液体流动，进一步减小液面落差，使塔板上的液层薄而均匀。导向筛板塔具有压降小、效率高、生产弹性大的特点，适用于真空蒸馏操作。

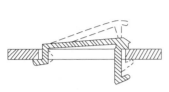

图 3-16　浮舌形喷射塔板

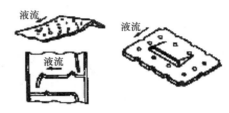

图 3-17　导向筛板示意

四、工艺流程

原料液经预热器加热到指定温度后，被送入精馏塔的进料板，在进料板上与自塔上部下降的回流液体汇合后，逐板溢流，最后流入塔底再沸器中。在每层板上，回流液体与上升蒸气相接触，进行热和质的传递过程。操作时从再沸器中连续取出部分液体作为塔底产品（釜残液），部分液体汽化，产生上升蒸气，依次通过各层塔板。塔顶蒸气进入全凝器中被全部冷凝，将部分冷凝液用泵送回塔顶作为回流液体，其余部分被送出作为塔顶产品（馏出液），见图 3-18。

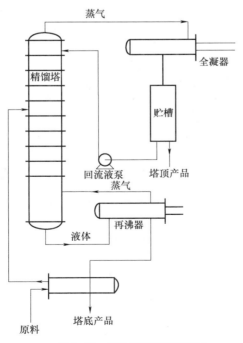

图 3-18　精馏装置工艺流程

◆ 任务计划与实施

表 3-2　工作任务计划与实施表

专业		班级		姓名		学号	
组别		任务名称		认识精馏		参考学时	6
任务描述	阐述精馏的原理、板式塔的结构特点及图 3-18 的精馏装置工艺流程						
任务计划及实施过程							

◆ 任务评价

表 3-3　工作任务评价单

班级		姓名		学号		成绩	
组别		任务名称		认识精馏		参考学时	6
序号	评价内容		分数	自评分	互评分	组长或教师评分	
1	课前准备（课前预习情况）		5				
2	知识链接（完成情况）		25				
3	任务计划与实施		35				
4	学习效果		30				
5	遵守课堂纪律		5				
总分			100				
综合评价（自评分×20%+互评分×40%+组长或教师评分×40%）							
组长签字：				教师签字：			

任务二 精馏仿真操作

◆ 任务导入

借助仿真软件,用精馏的方法在脱丁烷塔中将丁烷从脱丙烷塔塔釜液中分离出来。

◆ 任务分析

要完成相应的项目任务,应熟悉项目的工艺流程和操作界面,了解系统的 DCS 控制方案,掌握控制系统的操作方法,能够对不同的控制系统、阀门进行正确操作;应熟悉精馏过程的工艺流程、工艺原理、工艺参数、操作步骤、设备控制及安全操作等,能够独立完成精馏过程的冷态开车、正常操作、正常停车的仿真操作,并能对操作过程中出现的故障进行分析及处理。

◆ 知识链接

一、工艺流程

(一)主要设备

本精馏仿真装置的主要设备见表 3-4。

表 3-4 主要设备

设 备 位 号	名 称
DA405	脱丁烷塔
EA419	塔顶冷凝器
FA408	塔顶回流罐
GA412A/B	回流泵
EA408A/B	塔釜再沸器
FA414	塔釜蒸汽缓冲罐

(二)仪表及报警

本精馏仿真装置的仪表见表 3-5。

表3-5　仪表

位　号	说　明	类　型	正常值	量程上限	量程下限	工程单位
FIC101	塔进料量控制	PID	14 056.0	28 000.0	0.0	kg/h
FC102	塔釜采出量控制	PID	7 349.0	14 698.0	0.0	kg/h
FC103	塔顶采出量控制	PID	6 707.0	13 414.0	0.0	kg/h
FC104	塔顶回流量控制	PID	9 664.0	19 000.0	0.0	kg/h
PC101	塔顶压力控制	PID	4.25	8.5	0.0	atm
PC102	塔顶压力控制	PID	4.25	8.5	0.0	atm
LC101	塔釜液位控制	PID	50.0	100.0	0.0	%
LC102	塔釜蒸汽缓冲罐液位控制	PID	50.0	100.0	0.0	%
LC103	塔顶回流罐液位控制	PID	50.0	100.0	0.0	%
TC101	灵敏板温度控制	PID	89.3	190.0	0.0	℃
TI102	塔釜温度显示	AI	109.3	200.0	0.0	℃
TI103	进料温度显示	AI	67.8	100.0	0.0	℃
TI104	回流温度显示	AI	39.1	100.0	0.0	℃
TI105	塔顶气温度显示	AI	46.5	100.0	0.0	℃

（三）工艺说明

本装置将脱丙烷塔塔釜液部分汽化，由于丁烷的沸点较低，其挥发度较高，故丁烷易于从液相中汽化出来，将汽化的蒸气冷凝，即可得到丁烷的浓度高于原料的混合物，经过多次汽化、冷凝，即可达到分离混合物中的丁烷的目的。

原料为67.8 ℃的脱丙烷塔的釜液（主要有C4、C5、C6、C7等），其由脱丁烷塔（DA405）的第16块板进料（全塔共有32块板），进料量由流量控制器FIC101控制。调节器TC101通过调节再沸器的加热蒸汽流量来控制提馏段灵敏板温度，从而控制丁烷的分离质量。

脱丁烷塔塔釜液（主要为C5以上馏分）一部分作为产品采出，一部分经再沸器（EA408A/B）部分汽化为蒸气从塔底上升。塔釜液位和塔釜产品采出量由LC101和FC102组成的串级控制器控制。再沸器采用低压蒸汽加热。塔釜蒸汽缓冲罐（FA414）液位由液位控制器LC102通过调节底部采出量控制。

塔顶的上升蒸气（C4馏分和少量C5馏分）经塔顶冷凝器（EA419）全部冷凝成液体，该冷凝液靠位差流入塔顶回流罐（FA408）。塔顶压力通过PC102分程控制：在正常的压力波动下，通过调节塔顶冷凝器的冷却水量来调节压力；当压力超高时，压力报警系统发出报警信号，PC102通过调节塔顶至回流罐的排气量来控制塔顶压力。操作压力为4.25 atm（表压），高压控制器PC101通过调节塔顶回流罐的气相排放量来维持塔内压力稳定。塔顶冷凝器以冷却水为载热介质。塔顶回流罐液位由液位控制器LC103通过调节塔顶产品采出量来维持恒定。

塔顶回流罐中的液体一部分作为塔顶产品送至下一工序，另一部分由回流泵（GA412A/B）送回塔顶作为回流，回流量由流量控制器 FC104 控制。

（四）控制方案

串级回路是在简单调节系统的基础上发展起来的。在结构上，串级回路调节系统有两个闭合回路。主、副调节器串联，主调节器的输出为副调节器的给定值，系统通过副调节器的输出操纵调节阀动作，实现对主参数的定值调节。所以在串级回路调节系统中，主回路是定值调节系统，副回路是随动系统。

分程控制就是由一个调节器的输出信号控制两个或更多的调节阀，每个调节阀在调节器的输出信号的某个范围内工作。

二、仿真操作规程

（一）冷态开车

本装置的冷态开车状态为精馏塔单元处于经常温、常压氮吹扫完毕后的氮封状态，所有阀门、机泵处于关停状态。

1．进料

（1）打开 FA408 顶的放空阀 PC101 排放不凝气，微开 FIC101 的调节阀（开度不超过 20%），向精馏塔进料。

（2）进料后塔内温度略升，压力升高。当压力 PC101 升至 0.5 atm 时，关闭 PC101 的调节阀，投自动，控制塔压不超过 4.25 atm（如果塔内压力大幅波动，改回手动调节稳定压力）。

2．启动再沸器

（1）当压力 PC101 升至 0.5 atm 时，打开 PC102 的调节阀至开度为 50%；待塔压基本稳定在 4.25 atm 后，可加大塔进料量（FIC101 开至 50%左右）。

（2）待塔釜液位 LC101 升至 20%以上后，打开加热蒸汽入口阀 V13，再微开 TC101 的调节阀，给再沸器缓慢加热，并调节 TC101 的阀开度使塔釜液位 LC101 维持在 40%～60%。待 FA414 液位 LC102 升至 50%时，投自动，设定值为 50%。

3．建立回流

随着塔进料量增加和再沸器、冷凝器投入使用，塔压会有所升高，塔顶回流罐逐渐产生液位。

（1）塔压升高后，通过增大 PC102 的输出，改变塔顶冷凝器的冷却水量和旁路量来维持塔压稳定。

（2）当回流罐液位 LC103 升至 20%以上时，先打开回流泵 GA412A/B 的入口阀 V19/V20，再打开出口阀 V17/V18，启动回流泵。

（3）通过调节 FC104 的阀开度控制回流量，维持塔顶回流罐液位不超高，同时逐渐停止进料，全回流操作。

4．调节至正常

（1）当各项操作指标趋近正常值时，打开进料阀 FIC101；

（2）逐步调节 FIC101 使进料量达到正常值；

（3）通过 TC101 调节再沸器加热量，使灵敏板温度达到正常值；

（4）逐步调节 FC104 使回流量达到正常值；

（5）打开 FC103 和 FC102 出料，注意塔釜、塔顶回流罐液位；

（6）将各控制回路投自动，待各参数稳定并与工艺设计值吻合后，投产品采出串级。

（二）正常操作

1．正常工况下的工艺参数

（1）塔进料量 FIC101 设为自动，设定值为 14 056 kg/h；

（2）塔釜采出量 FC102 设为串级，设定值为 7 349 kg/h，LC101 设为自动，设定值为 50%；

（3）塔顶采出量 FC103 设为串级，设定值为 6 707 kg/h；

（4）塔顶回流量 FC104 设为自动，设定值为 9 664 kg/h；

（5）塔顶压力 PC102 设为自动，设定值为 4.25 atm，PC101 设为自动，设定值为 4.25 atm；

（6）灵敏板温度 TC101 设为自动，设定值为 89.3 ℃；

（7）塔釜蒸汽缓冲罐液位 LC102 设为自动，设定值为 50%；

（8）塔顶回流罐液位 LC103 设为自动，设定值为 50%。

2．主要工艺生产指标的调节方法

（1）质量调节：质量调节以提馏段灵敏板温度作为主参数，以再沸器的加热蒸汽流量来调节，以实现对塔的分离质量的控制。

（2）压力控制：在正常的压力下，由塔顶冷凝器的冷却水量来调节压力，当压力高于操作压力 4.25 atm（表压）时，压力报警系统发出报警信号，同时调节器 PC101 调节塔顶回流罐的气相出料，为了保持同气相出料的相对平衡，采用分程调节。

（3）液位调节：塔釜液位通过调节塔釜产品采出量来维持恒定，设有高低液位报警；塔顶回流罐液位通过调节塔顶产品采出量来维持恒定，设有高低液位报警。

（4）流量调节：进料量和回流量都采用单回路的流量控制；再沸器加热介质流量根据灵敏板温度调节。

（三）正常停车

1．降负荷

（1）逐步关小 FIC101 的调节阀，减小进料量至正常进料量的 70%；

（2）在降负荷的过程中，保持灵敏板温度 TC101 和塔压 PC102 稳定，使精馏塔分离出合格的产品；

（3）在降负荷的过程中，通过 FC103 排出塔顶回流罐中的液体产品，使塔顶回流罐液位 LC103 降至 20%左右；

（4）在降负荷的过程中，通过 FC102 排出塔釜产品，使塔釜液位 LC101 降至 30%左右。

2．停进料和再沸器

待负荷降至正常值的 70%，且大部分产品已采出后，停进料和再沸器。

（1）关闭 FIC101 的调节阀，停精馏塔进料；

（2）关闭 TC101 的调节阀和 V13（或 V16），停再沸器的加热蒸汽；

（3）关闭 FC102 的调节阀和 FC103 的调节阀，停止产品采出；

（4）打开塔釜泄液阀 V10，排出不合格产品，降低塔釜液位；

（5）手动打开 LC102 的调节阀，使 FA414 泄液。

3．停回流

（1）停进料和再沸器后，塔顶回流罐中的液体全部通过回流泵打入塔内，以降低塔内温度；

（2）当塔顶回流罐液位降至 0 时，关闭 FC104 的调节阀，关闭泵出口阀 V17（或 V18），停泵 GA412A（或 GA412B），关闭泵入口阀 V19（或 V20），停回流；

（3）打开泄液阀 V10 排净塔内液体。

4．降压、降温

（1）打开 PC101 的调节阀，将塔压降至接近常压后，关闭 PC101 的调节阀；

（2）当全塔温度降至 50 ℃左右时，关塔顶冷凝器的冷却水（PC102 的输出值为 0）。

三、事故设置及处理

1．热蒸汽压力过高

现象：加热蒸汽的流量增大，塔釜温度持续上升。

处理：适当减小 TC101 的阀门开度。

2．热蒸汽压力过低

现象：加热蒸汽的流量减小，塔釜温度持续下降。

处理：适当增大 TC101 的阀门开度。

3．冷凝水中断

现象：塔顶温度上升，塔顶压力升高。

处理：（1）打开塔顶回流罐的放空阀 PC101 保压；

　　　（2）手动关闭 FIC101，停止进料；

　　　（3）手动关闭 TC101，停加热蒸汽；

　　　（4）手动关闭 FC103 和 FC102，停止产品采出；

（5）打开塔釜排液阀 V10，排出不合格产品；

（6）手动打开 LC102，使 FA414 泄液；

（7）当塔顶回流罐液位为 0 时，关闭 FC104；

（8）关闭回流泵出口阀 V17/V18；

（9）关闭回流泵 GA412A/B；

（10）关闭回流泵入口阀 V19/V20；

（11）待塔釜液位为 0 时，关闭泄液阀 V10；

（12）待塔顶压力降为常压后，关闭塔顶冷凝器。

4．停电

现象：回流泵 GA412A 停止，回流中断。

处理：（1）手动打开塔顶回流罐的放空阀 PC101 泄压；

（2）手动关闭进料阀 FIC101；

（3）手动关闭出料阀 FC102 和 FC103；

（4）手动关闭加热蒸汽阀 TC101；

（5）打开塔釜排液阀 V10 和塔顶回流罐泄液阀 V23，排出不合格产品；

（6）手动打开 LC102，使 FA414 泄液；

（7）当塔顶回流罐液位为 0 时，关闭 V23；

（8）关闭回流泵出口阀 V17/V18；

（9）关闭回流泵 GA412A/B；

（10）关闭回流泵入口阀 V19/V20；

（11）待塔釜液位为 0 时，关闭泄液阀 V10；

（12）待塔顶压力降为常压后，关闭塔顶冷凝器。

5．回流泵 GA412A 故障

现象：GA412A 断电，回流中断，塔顶压力增大，温度上升。

处理：（1）打开备用泵入口阀 V20；

（2）启动备用泵 GA412B；

（3）打开备用泵出口阀 V18；

（4）关闭运行泵出口阀 V17；

（5）停运行泵 GA412A；

（6）关闭运行泵入口阀 V19。

6．回流控制阀 FC104 卡

现象：回流量减小，塔顶温度上升，压力增大。

处理：打开旁路阀 V14，保持回流。

四、仿真界面

精馏塔 DCS 界面及现场界面如图 3-19、图 3-20 所示。

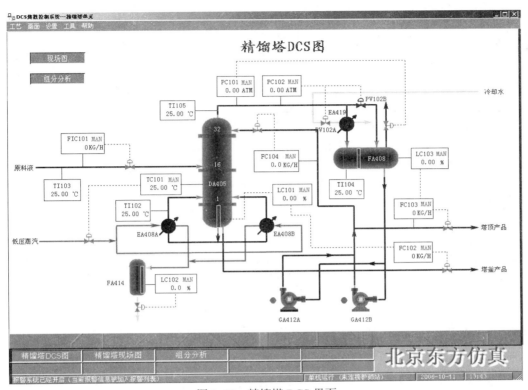

图 3-19　精馏塔 DCS 界面

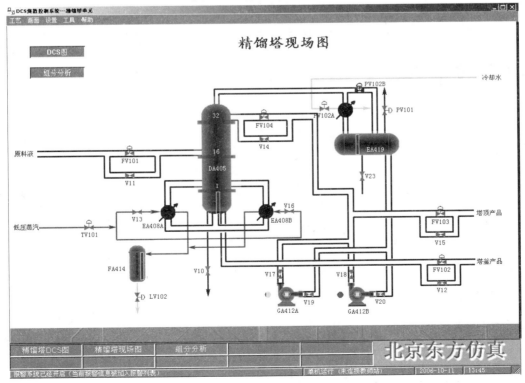

图 3-20　精馏塔现场界面

◆ 任务计划与实施

表3-6　工作任务计划与实施表

专业		班级		姓名		学号	
组别		任务名称		精馏仿真操作		参考学时	8
任务描述	完成精馏仿真实训装置的冷态开车、正常操作、正常停车、事故处理						
任务计划及实施过程							

◆ 任务评价

表3-7　工作任务评价单

班级		姓名		学号		成绩	
组别		任务名称		精馏仿真操作		参考学时	8
序号	评价内容		分数	自评分	互评分	组长或教师评分	
1	课前准备（课前预习情况）		5				
2	知识链接（完成情况）		25				
3	任务计划与实施		35				
4	学习效果		30				
5	遵守课堂纪律		5				
总分			100				
综合评价（自评分×20%+互评分×40%+组长或教师评分×40%）							
组长签字：				教师签字：			

任务三　精馏实际操作

◆ 任务导入

正确操作精馏装置，对浓度为 18% 的酒精进行提纯，使其浓度达到 92% 以上。

◆ 任务分析

要完成精馏实际操作任务，首先要熟悉流程中各阀门、仪表、设备的类型和使用方法及安全生产知识；其次要了解装置的工艺流程和控制方式；最后能通过小组实训对精馏装置进行冷态开车、正常操作、正常停车的操作，使酒精出口浓度达到 92% 以上，并能对操作故障进行分析和处理。

◆ 知识链接

一、精馏实训设备及工艺流程

（一）实训设备

精馏装置的主要设备见表 3-8。

表 3-8　精馏装置的主要设备

序　号	位　号	名　称	用　途	规　格
1	T101	精馏塔	完成分离任务	15 节塔段，每段尺寸均为 ϕ 76 mm×120 mm，塔釜尺寸为 ϕ 159 mm×500 mm
2	V101A/B	原料罐	贮存原料液	ϕ 300 mm×400 mm
3	V102	塔釜产品罐	贮存塔釜产品	ϕ 273 mm×400 mm
4	V103	塔顶凝液罐	临时贮存塔顶蒸气的冷凝液	ϕ 76 mm×400 mm
5	V105	塔顶产品罐	贮存塔顶产品	ϕ 219 mm×400 mm
6	E101	再沸器	为精馏过程提供上升蒸气	ϕ 159 mm×300 mm，加热功率 2.5 kW
7	E102	塔釜冷却器	冷却塔釜产品的同时预热原料	ϕ 108 mm×400 mm，换热面积 0.15 m²
8	E103	原料预热器	将原料加热到指定的进料温度	ϕ 50 mm×300 mm，加热功率 600 W
9	E104	塔顶冷凝器	将塔顶蒸气冷凝为液体	ϕ 108 mm×400 mm，换热面积 0.2 m²
10	E105	塔顶再冷凝器	将塔顶蒸气再次冷凝	ϕ 108 mm×400 mm，换热面积 0.2 m²
11	P101A/B	进料泵	为精馏塔提供连续定量的进料	DPXS 10/0.5 柱塞计量泵，10 L/h
12	P102	回流泵	为精馏塔提供连续定量的回流液体	DPXS 10/0.5 柱塞计量泵，10 L/h
13	P103	塔顶采出泵	将塔顶产品输送到塔顶产品罐	DPXS 5/0.5 柱塞计量泵，5 L/h
14	P104	循环泵	为精馏塔开车提供快速进料	增压泵，10 L/min

（二）实训仪表

精馏装置的主要仪表见表 3-9。

表 3-9　精馏装置的主要仪表

序　号	位　号	仪表用途	仪表位置	规　格		执 行 器
				传 感 器	显 示 仪	
1	PI01	塔釜压力	集中	−100～60 kPa 压力传感器	AI−501D	
2	TIC12	进料温度	集中		AI−708B	加热器
3	TI15	塔釜温度	集中		AI−702ME	
4	TI14	第十四块塔板温度	集中			
5	TI13	第十三块塔板温度	集中		AI−702ME	
6	TI11	第十一块塔板温度	集中			
7	TI10	第十块塔板温度	集中		AI−702ME	
8	TI09	第九块塔板温度	集中			
9	TI08	第八块塔板温度	集中	Pt100 热电阻，1级，−200～800 ℃	AI−702ME	
10	TI07	第七块塔板温度	集中			
11	TI06	第六块塔板温度	集中		AI−702ME	
12	TI05	第五块塔板温度	集中			
13	TI04	第四块塔板温度	集中		AI−702ME	
14	TI03	第三块塔板温度	集中			
15	TIC01	塔顶温度	集中		AI−708B	出料泵
16	LIC01	塔釜液位	现场/集中	0～420 mm UHC 荧光柱式磁翻转液位计，精度 1 cm	AI−501B	塔底出料电磁阀
17	LIC02	塔顶凝液罐液位	现场/集中	0～420 mm UHC 荧光柱式磁翻转液位计，精度 1 cm	AI−708B	回流泵、出料泵
18	LI03	原料罐 V101A 液位	现场		玻璃管	
19	LI04	原料罐 V101B 液位	现场		玻璃管	
20	LI05	塔顶产品罐液位	现场		玻璃管	
21	LI06	塔釜产品罐液位	现场		玻璃管	
22	FC01	进料流量	现场			变频器
23	FC02	回流流量	集中			变频器
24	FC03	出料流量	集中			变频器
25	FI04	冷却水流量	现场		40～400 L/h 转子流量计	

（三）工艺流程

精馏装置的工艺流程如图 3-21 所示。

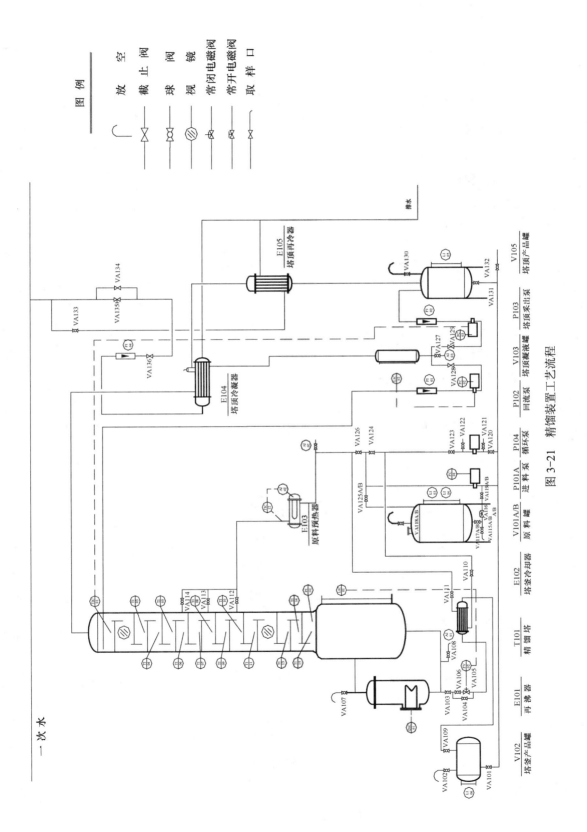

图3-21　精馏装置工艺流程

二、生产控制技术

（一）操作指标

1．压力控制

塔釜压力：0～4.0 kPa。

2．温度控制

进料温度：≤65 ℃；

塔顶温度：78.2～80.0 ℃；

塔釜温度：90.0～92.0 ℃；

塔釜加热电压：140～200 V。

3．流量控制

进料流量：3.0～6.0 L/h；

冷却水流量：200～400 L/h。

4．液位控制

塔釜液位：220～350 mm；

塔顶凝液罐液位：100～200 mm。

（二）控制方法

进料温度控制见图 3-22。

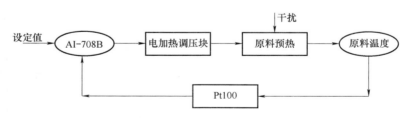

图 3-22　进料温度控制方块图

塔釜加热电压控制见图 3-23。

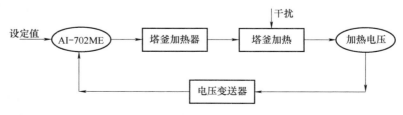

图 3-23　塔釜加热电压控制方块图

塔顶温度控制见图 3-24。

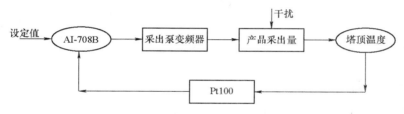

图 3-24 塔顶温度控制方块图

塔顶凝液罐液位控制见图 3-25。

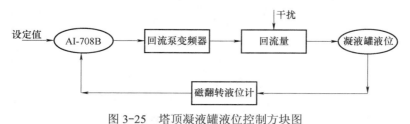

图 3-25 塔顶凝液罐液位控制方块图

（三）报警连锁

原料预热器和进料泵 P101A/B 之间设置有连锁，原料预热器只有在进料泵开启的情况下才能开启。

塔釜液位设置有上、下限报警功能。

当塔釜液位超出上限报警值（350 mm）时，仪表向塔釜常闭电磁阀 VA105 输出报警信号，电磁阀开启，塔釜排液；当塔釜液位降至上限报警值以下时，仪表停止输出信号，电磁阀关闭，塔釜停止排液。

当塔釜液位低于下限报警值时，仪表向再沸器加热器输出报警信号，加热器停止工作，以避免干烧；当塔釜液位升至下限报警值以上时，报警解除，再沸器加热器重新开始工作。

三、物耗、能耗指标

原辅料：原料液（乙醇水溶液）、冷却水。

能源动力：电能。

表 3-10 精馏装置物耗、能耗一览表

名　称	耗　量	名　称	耗　量	名　称	额定功率
				进料泵	550 W
				循环泵	120 W
				回流泵	550 W
原料液	3～8 L/h	冷却水	200～400 L/h	塔顶采出泵	370 W
				再沸器	2.5 kW
				原料预热器	600 W
				干扰加热	1.2 kW
总计	3～8 L/h	总计	200～400 L/h		5.89 kW

注：电能的实际消耗与产量相关。

四、操作步骤

（一）开车准备

（1）熟悉各取样点及温度、压力测量点与控制点的位置；

（2）检查公用工程（水、电）是否处于正常供应状态；

（3）设备通电，检查流程中各设备、仪表是否处于正常开车状态，动设备试车；

（4）检查塔顶产品罐是否有足够的空间贮存生成的塔顶产品，如空间不够，打开相应的阀门使管路畅通，启动循环泵 P104，将塔顶产品送入原料罐 V101A/B；

（5）检查塔釜产品罐是否有足够的空间贮存生成的塔釜产品，如空间不够，打开相应的阀门使管路畅通，启动循环泵 P104，将塔釜产品送入原料罐 V101A/B；

（6）检查原料罐是否有足够的原料供实训使用，检测原料浓度是否符合操作要求（原料体积分数为 10%～20%），如有问题进行补料或调整浓度的操作；

（7）检查流程中的各阀门是否处于正常开车状态；

（8）关闭阀门 VA101、VA104、VA108、VA109、VA110、VA111、VA112、VA113、VA117A/B、VA118A/B、VA119A/B、VA120、VA121、VA122、VA123、VA124、VA125、VA126、VA127、VA129、VA130、VA133、VA136；

（9）全开阀门 VA102、VA103、VA105、VA107、VA114、VA115A/B、VA116A/B、VA128、VA131、VA132、VA136；

（10）按照要求制定操作方案。

（二）冷态开车

（1）从原料取样点 AI02 取样分析原料组成。

（2）精馏塔有 3 个进料位置，根据实训要求选择进料位置，打开相应的进料管线上的阀门。

（3）操作台总电源通电。

（4）启动循环泵 P104。

（5）当塔釜液位指示计 LIC01 达到 180～220 mm 时，关闭循环泵，同时关闭阀门 VA107。

（6）注意：塔釜液位指示计 LIC01 严禁低于 160 mm。

（7）打开再沸器 E101 的电加热开关，将加热电压调至 200 V，加热塔釜内的原料液。

（8）通过第十二节塔段上的视镜和第二节塔段上的玻璃观测段观察液体加热情况，当液体开始沸腾时，注意观察塔内的气液接触状况，同时将加热电压设定为 130～150 V 之间的某一数值。

（9）当塔顶观测段出现蒸气时，打开塔顶冷凝器的冷却水调节阀 VA135，使塔顶蒸气冷凝为液体，流入塔顶凝液罐 V103。

（10）当塔顶凝液罐的液位达到规定值后，启动回流泵 P102 进行全回流操作，适时调节回流量，使塔顶凝液罐 V103 的液位稳定在 150～200 mm 之间的某一数值。

回流泵流量控制：

方案一：固定变频器的输出值，调节回流泵的行程；

方案二：固定回流泵的行程，调节变频器的输出值。（推荐使用）

泵的流量计算：

$$流量 = 计量泵的额定流量 \times \frac{拨码数}{最大拨码数} \times \frac{变频器的设定频率值}{50} \quad (3\text{-}18)$$

柱塞计量泵的流量取决于泵内柱塞的行程及往复频率，柱塞的行程受调量手轮的控制，而往复频率则受电机转速的控制。方案一是通过调节柱塞的行程达到改变流量的目的，方案二则是通过改变电机的转速来实现流量调节。

工业领域所用的电机大部分是感应式交流电机，此类电机的旋转速度取决于电机的极数和频率，即

$$n = \frac{60f}{p} \quad (3\text{-}19)$$

式中　n——同步转数；

　　　f——电源的频率；

　　　p——电机的极数。

电机的极数是固定不变的，而频率是电机电源的电信号，所以该值能够在电机外面调节后再供给电机，这样电机的旋转速度就可以被自由地控制。因此，以控制频率为目的的变频器是电机调速的优选设备。

本装置所采用的 N2 系列变频器是将电压源由直流变换为交流，直流回路的滤波是电容。柱塞计量泵的流量正比于泵内柱塞的往复次数，柱塞的往复次数正比于电机的转速，电机的转速又正比于其电源的频率。因此，在固定柱塞的行程的情况下，计量泵的流量正比于其电机的电源频率。

（11）随时观测塔内各点温度、压力、流量和液位值的变化情况，每 5 分钟记录一次数据。

（12）待塔顶温度 TIC01 稳定一段时间（15 分钟）后，从塔釜和塔顶的取样点 AI01、AI03 分别取样分析。

（三）正常操作

（1）待全回流稳定后，切换至部分回流，将原料罐、进料泵和进料管线上的相关阀门全部打开，使进料管路通畅。

（2）将进料柱塞计量泵 P101 的流量调至 4 L/h，然后开启进料泵 P101 和塔顶采出泵 P103，适度调节回流泵和塔顶采出泵的流量，以使塔顶凝液罐 V103 液位稳定（塔顶采出泵的调节方式同回流泵）。

（3）观测塔顶回流液位的变化以及回流、出料流量计值的变化，在此过程中可根据情况小幅增大塔釜加热电压（5～10 V）以及冷却水流量。

（4）待塔顶温度稳定一段时间后，取样测量浓度。

（四）正常停车

（1）关闭塔顶采出泵、进料泵。

（2）再沸器 E101 停止加热。

（3）待没有蒸气上升后，关闭回流泵 P102。

（4）关闭塔顶冷凝器 E104 的冷却水。

（5）将各阀门恢复至初始状态。

（6）关闭仪表电源和总电源。

（7）清理装置，打扫卫生。

五、安全生产技术

（一）生产事故及处理预案

1. 塔顶温度异常

塔顶温度异常的原因主要有：进料浓度的变化、进料量的变化、回流量与温度的变化、再沸器加热量的变化。

（1）装置达到稳定状态后，出现塔顶温度上升异常现象的处理措施。

① 检查回流量是否正常，先检查回流泵的工作状态，若回流泵发生故障，及时报告指导教师进行处理；若回流泵正常，而回流量变小，则检查塔顶冷凝器是否正常。对于以水为冷流体的塔顶冷凝器，如工作不正常，一般是冷却水供水管线上的阀门发生故障，此时可以打开与电磁阀并联的备用阀门；若发现一次水管网供水中断，及时报告指导教师进行处理。

② 检测进料浓度，如发现进料浓度发生了变化，及时报告指导教师，并根据浓度的变化调整进料位置和再沸器的加热量。

③ 以上检查结果正常时，可适当增大进料量或减小再沸器的加热量。

（2）装置达到稳定状态后，出现塔顶温度下降异常现象的处理措施。

① 检查回流量是否正常，若回流量变大，则适当减小回流量（若同时加大采出量，则能达到新的稳态）。

② 检测进料浓度，如发现进料浓度发生了变化，及时报告指导教师，并根据浓度的变化调整进料位置和再沸器的加热量。

③ 以上检查结果正常时，可适当减小进料量或增大再沸器的加热量。

2. 液泛或漏液现象

塔底再沸器加热量过大、进料轻组分过多、进料温度过高均可能导致液泛。塔底再沸器加热量过小、进料轻组分过少、进料温度过低、回流量过大均可能导致漏液。

（1）液泛的处理措施：

① 减小再沸器的加热功率（减小加热电压）；

② 检测进料浓度，调整进料位置和再沸器的加热量；

③ 检查进料温度，作出适当处理。

（2）漏液的处理措施：

①增大再沸器的加热功率（增大加热电压）；

②检测进料浓度，调整进料位置和再沸器的加热量；

③检查进料温度，作出适当处理。

（二）工业卫生和劳动保护

进入化工单元实训基地必须穿戴劳动防护用品，在指定区域正确戴上安全帽，穿上安全鞋，在任何作业过程中都要佩戴安全防护眼镜和合适的防护手套。无关人员未经允许不得进入实训基地。

1．动设备操作安全注意事项

（1）检查柱塞计量泵润滑油油位是否正常。

（2）检查冷却水系统是否正常。

（3）确认工艺管线、工艺条件正常。

（4）启动电机前先盘车，正常才能通电，通电后立即查看电机是否启动，若启动异常，应立即断电，避免电机烧毁。

（5）启动电机后看其工艺参数是否正常。

（6）观察有无过大噪声、振动及松动的螺栓。

（7）观察有无泄漏。

（8）电机运转时不允许接触转动件。

2．静设备操作安全注意事项

（1）在操作及取样过程中注意防止产生静电。

（2）装置内的塔、罐、储槽需清理或检修时应按安全作业规定进行。

（3）容器应严格按规定的装料系数装料。

3．安全技术

（1）进行实训之前必须了解室内总电源开关与分电源开关的位置，以便发生用电事故时及时切断电源；在启动仪表柜电源前必须弄清楚每个开关的作用。

（2）设备配有温度、液位等测量仪表，对相关设备的工作进行集中监视，出现异常时及时处理。

（3）本实训装置使用蒸汽，有蒸汽通过的地方温度较高，应规范操作，避免烫伤。

（4）不能使用有缺陷的梯子，登梯前必须确保梯子支撑稳固，上下梯子应面向梯子并且双手扶梯，一人登梯时要有同伴护稳梯子。

4．防火措施

乙醇属于易燃易爆品，操作过程中要严禁烟火。

当塔顶温度升高时，应及时处理，避免塔顶冷凝器放风口处出现雾滴（为酒精溶液）。

5．职业卫生

1）噪声对人体的危害

噪声对人体的危害是多方面的，噪声可以使人耳聋，引起高血压、心脏病、神经官能症等疾病，还会污染环境，影响人们的正常生活，降低劳动生产效率。

2）工业企业噪声的卫生标准

工业企业生产车间和作业场所的工作点的噪声标准为 85 分贝。

现有工业企业经努力暂时达不到标准的，可适当放宽，但不能超过 90 分贝。

3）噪声的防护

噪声的防护方法很多，且得到不断改进，主要有三个方面，即控制声源、控制噪声传播、加强个人防护。降低噪声的根本途径是对声源采取隔声、减震和消除噪声的措施。

6. 行为规范

（1）不准吸烟；

（2）保持实训环境整洁；

（3）不准从高处乱扔杂物；

（4）不准随意坐在灭火器箱、地板和教室外的凳子上；

（5）非紧急情况不得随意使用消防器材（训练除外）；

（6）不得倚靠在实训装置上；

（7）在实训基地、教室里不得打骂和嬉闹；

（8）使用后的清洁用具按规定放置整齐。

◆ 任务计划与实施

表 3-11　工作任务计划与实施表

专业		班级		姓名		学号	
组别		任务名称	精馏实际操作		参考学时		8
任务描述	正确操作精馏塔装置，对浓度为 18% 的酒精进行提纯，使酒精浓度达到 92% 以上						
任务计划及实施过程							

◆ 任务评价

表 3-12　工作任务评价单

班级		姓名		学号		成绩	
组别		任务名称	精馏实际操作		参考学时		8
序号	评价内容		分数	自评分	互评分	组长或教师评分	
1	课前准备（课前预习情况）		5				
2	知识链接（完成情况）		25				
3	任务计划与实施		35				
4	实训效果		30				
5	遵守课堂纪律		5				
总分			100				
综合评价（自评分×20%+互评分×40%+组长或教师评分×40%）							
组长签字：				教师签字：			

思 考 题

1. 精馏的主要设备有哪些？

2. 如果塔顶温度、压力都超过标准，可用哪些方法将系统调节稳定？

3. 当系统在较高负荷时突然出现大的波动、不稳定，为什么要将系统降到低负荷的稳态，再重新开到高负荷？

4. 说明回流的作用。

5. 若精馏塔的灵敏板温度过高或过低，意味着分离效果如何？应通过改变哪些变量调节至正常？

项目四

吸收-解吸操作

知识与技能目标

1. 掌握吸收-解吸的基本概念与基本理论;
2. 理解吸收-解吸的原理及过程;
3. 熟悉吸收-解吸设备的结构;
4. 熟悉吸收-解吸装置的流程及仪表;
5. 掌握吸收-解吸装置的操作技能;
6. 掌握吸收-解吸操作过程中常见异常现象的判别及处理方法。

任务一　认识吸收-解吸

◆ 任务导入

芳烃是宝贵的化工原料,焦炉煤气中一般含芳烃 $25\sim40\,\mathrm{g/m^3}$。粗苯是各焦化企业的主要回收对象。其中洗油吸收法以工艺简单、经济可靠而得到广泛应用,试阐述洗油吸收法的工作原理及工艺过程。

◆ 任务分析

用洗油吸收法回收焦炉煤气中的苯,该过程实质为气体的吸收与解吸过程。我们必须掌握相关的理论知识和工作原理,了解完成任务所必需的设备、仪表的结构和特点,并能够识读相关的工艺流程。

◆ 知识链接

一、基本理论

(一)定义

为了分离混合气体中的各组分,通常使混合气体与选择的某种液体相接触,气体中的一种或几种组分便溶解于液体内而形成溶液,不能溶解的组分则保留在气相中,从而达到了分离气体混合物的目的。这种利用各组分溶解度不同来分离混合气体的操作称为吸收。吸收过程是溶质由气相转移到液相的相间传质过程。

（二）吸收的分类

按照不同的分类方法，可以把吸收分成不同种类。

按吸收过程中有无化学反应，吸收可分为物理吸收和化学吸收。物理吸收指吸收过程中溶质与吸收剂之间不发生明显的化学反应；化学吸收指吸收过程中溶质与吸收剂之间发生显著的化学反应。

按被吸收组分的数目，吸收可分为单组分吸收和多组分吸收。单组分吸收是混合气体中只有一种组分（溶质）进入液相，其余组分皆可认为不溶解于吸收剂的吸收过程；多组分吸收是混合气体中有两种或两种以上组分进入液相的吸收过程。

按吸收过程中有无温度变化，吸收可分为等温吸收和非等温吸收。若吸收过程的热效应较小，或被吸收的组分在气相中浓度很低，而吸收剂用量相对较大，温度升高不显著，则可认为是等温吸收；气体溶解于液体时常常伴随着热效应，有化学反应时还会有反应热，其结果是随吸收过程的进行，溶液温度逐渐变化，此过程为非等温吸收。

按操作压力不同，吸收可分为常压吸收和加压吸收。操作压力增大时，溶质在吸收剂中的溶解度将随之增大。

本项目着重讨论常压下的单组分等温物理吸收过程。

（三）吸收相平衡

1. 亨利定律

总压不高（一般不超过 5×10^5 Pa）时，在一定的温度下，稀溶液上方的气相中溶质的平衡分压与溶质在液相中的摩尔分数成正比，比例系数为亨利系数。

$$p_A^* = Ex \tag{4-1}$$

式中　p_A^*——溶质在气相中的平衡分压，kPa；

　　　E——亨利系数，kPa；

　　　x——相平衡时溶质在液相中的摩尔分数。

当气体混合物和溶剂一定时，亨利系数仅随温度而改变，对于大多数物系，温度上升，E 值增大，气体溶解度减小。在同一种溶剂中，难溶气体的 E 值很大，溶解度很小；而易溶气体的 E 值很小，溶解度很大。

亨利系数随温度而变，压力不大（一般不超过 5×10^5 Pa）时，其随温度变化的改变很小，可以忽略不计。

亨利定律的另外一种表达形式见式（4-2）。

$$p_A^* = \frac{c_A}{H} \tag{4-2}$$

式中　c_A——单位体积溶液中溶质 A 的物质的量，kmol/m³；

　　　H——溶解度系数，kmol/（m³·Pa）。

溶解度系数 H 与亨利系数 E 的关系见式（4-3）。

$$\frac{1}{H} \approx \frac{E M_S}{\rho_S} \tag{4-3}$$

式中 M_S——溶剂的分子量，kg/kmol；

       ρ_S——溶剂的密度，kg/m³。

溶解度系数 H 愈大，表明同样分压下的溶解度愈大。易溶气体 H 值较大，难溶气体 H 值较小。H 随温度升高而减小。

亨利定律最常用的是下列形式：

$$y^* = mx \tag{4-4}$$

式中 y^*——相平衡时溶质在气相中的摩尔分数；

       x——相平衡时溶质在液相中的摩尔分数；

       m——相平衡常数。

相平衡常数 m 与亨利系数 E 的关系见式（4-5）。

$$m = \frac{E}{p} \tag{4-5}$$

式中 p——气相的总压，kPa。

相平衡常数 m 随温度、压力和物系而变化。当物系一定时，温度降低或总压升高，m 值变小，液相中溶质的浓度 x 增大，有利于吸收操作进行。

$$Y^* = mX \tag{4-6}$$

式中 Y^*——相平衡时气相的摩尔比；

       X——相平衡时液相的摩尔比。

2. 相平衡关系在吸收过程中的应用

1）判别传质过程的方向

对于一切未达到相平衡的系统，组分将由一相向另一相传递，其结果是使系统趋于相平衡。所以，传质使系统向达到相平衡的方向变化。一定浓度的混合气体与某种溶液相接触，溶质是由液相向气相转移，还是由气相向液相转移，可以利用相平衡关系作出判断。

当 $y > y^*$ 或 $x < x^*$ 时，发生吸收过程；反之，发生解吸过程。

2）指明传质过程的极限

将溶质的摩尔分数为 y_1 的混合气体送入某吸收塔的底部，溶剂从塔顶淋入，逆流吸收，如图 4-1 所示。在气液两相的流量和温度、压力一定的情况下，设塔无限高（即接触时间无限长），最终完成液中溶质的最大浓度值是与气相进口组成 y_1 相平衡的液相组成 x_1^*，即

$$x_{1\max} = x_1^* = \frac{y_1}{m}$$

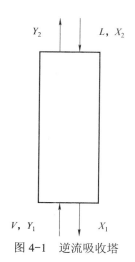

图 4-1 逆流吸收塔

同理，混合气体尾气中溶质含量的最小值是与进塔吸收剂中溶质的摩尔分数 x_2 相平衡的气相组成 y_2^*，即 $y_{2\min} = y_2^* = mx_2$。

由此可见，相平衡关系限制了吸收剂出塔时的溶质最高含量和气体混合物离塔时的溶质最低含量。

3）计算过程的推动力

相平衡是过程的极限，不平衡的气液两相相互接触就会发生气体的吸收或解吸过程。吸收过程通常以实际浓度与平衡浓度的差值来表示吸收传质推动力的大小。推动力可用气相推动力或液相推动力表示，气相推动力表示为塔内任何一个截面上气相实际浓度 y 和与该截面上液相实际浓度 x 成平衡的 y^* 之差，即 $y - y^*$（其中 $y^* = mx$）。液相推动力以液相的摩尔分数之差 $x^* - x$ 表示吸收推动力。

二、吸收-解吸原理

吸收操作是溶质从气相转移到液相的传质过程，包括溶质由气相主体向气液相界面的传递和由气液相界面向液相主体的传递。因此，讨论吸收过程的机理之前，应首先了解物质在单一相（气相或液相）中的传递规律。

（一）传质的基本方式

物质在单一相（气相或液相）中的传递是扩散作用。发生在流体中的扩散有分子扩散与涡流扩散两种：一般发生在静止或层流流体中，凭借流体分子的热运动而进行物质传递的是分子扩散；发生在湍流流体中，凭借流体质点的湍动和旋涡而传递物质的是涡流扩散。

1. 分子扩散

分子扩散是物质在单一相内部有浓度差异的条件下，由流体分子的无规则热运动引起的物质传递现象。习惯上把分子扩散称为扩散。

分子扩散速率主要取决于扩散物质和流体的某些物理性质。分子扩散速率与其在扩散方向上的浓度梯度及扩散系数成正比。分子扩散系数 D 是物质的性质之一。扩散系数大，则分子扩散快。温度升高，压力降低，则扩散系数增大。

2．涡流扩散

在有浓度差异的条件下，物质通过湍流流体传递的过程称为涡流扩散。涡流扩散时，扩散物质不仅靠分子本身的扩散作用，还借助湍流流体的携带作用而转移，且后一种作用是主要的。

（二）双膜理论

吸收过程是气液两相间的传质过程，关于这种相间传质过程的机理应用最广泛的是刘易斯和惠特曼在 20 世纪 20 年代提出的双膜理论，如图 4-2 所示。

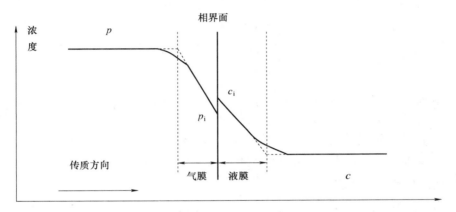

图 4-2　双膜理论示意

双膜理论的基本论点如下。

（1）在气液两流体相接触处，有一个稳定的分界面，叫相界面。在相界面两侧附近各有一层稳定的气膜和液膜。这两层薄膜可以认为是由气液两流体的滞流层组成的，即虚拟的层流膜层，吸收质以分子扩散方式通过这两个膜层。膜的厚度随流体的流速而变，流速愈大膜层厚度愈小。

（2）两个膜层以外的气液两相分别称为气相主体与液相主体。在气液两相主体中，由于流体充分湍动，吸收质的浓度基本上是均匀的，即两相主体内浓度梯度皆为零，全部浓度变化集中在这两个膜层内，即阻力集中在两个膜层之中。

（3）无论气液两相主体中吸收质的浓度是否达到平衡，在相界面处，吸收质在气液两相中的浓度均达到平衡，即相界面上没有阻力。

对于具有稳定相界面的系统以及流动速度不高的两流体间的传质，双膜理论与实际情况是相当符合的，根据这一理论的基本概念所确定的吸收过程的传质速率关系至今仍是吸收设备设计的主要依据，这一理论对生产实际具有重要的指导意义。

（三）吸收速率方程

1．气相与相界面的传质速率

气相与相界面的传质速率见式（4-7）、式（4-8）。

$$N_A = k_G(p - p_i)　　　　　　　　　　（4-7）$$

$$N_A = k_y(y - y_i) \tag{4-8}$$

式中　N_A——单位时间内组分 A 通过单位面积扩散的物质的量，即传质速率，$kmol/(m^2 \cdot s)$；

　　　p、p_i——溶质 A 在气相主体中与相界面处的分压，kPa；

　　　y、y_i——溶质 A 在气相主体中与相界面处的摩尔分数；

　　　k_G——以分压差表示推动力的气相传质系数，$kmol/(s \cdot m^2 \cdot kPa)$；

　　　k_y——以摩尔分数差表示推动力的气相传质系数，$kmol/(s \cdot m^2)$。

2．液相与相界面的传质速率

液相与相界面的传质速率见式（4-9）、式（4-10）。

$$N_A = k_L(c_i - c) \tag{4-9}$$

$$N_A = k_x(x_i - x) \tag{4-10}$$

式中　c、c_i——溶质 A 在液相主体中与界面处的浓度，$kmol/m^3$；

　　　x、x_i——溶质 A 在液相主体中与界面处的摩尔分数；

　　　k_L——以液相浓度差表示推动力的液相传质系数，m/s；

　　　k_x——以摩尔分数差表示推动力的液相传质系数，$kmol/(s \cdot m^2)$。

3．吸收总传质速率方程

吸收总传质速率方程可用式（4-11）～式（4-14）表示。

$$N_A = K_G(p - p^*) = \frac{p - p^*}{\dfrac{1}{K_G}} \tag{4-11}$$

$$N_A = K_Y(Y - Y^*) = \frac{Y - Y^*}{\dfrac{1}{K_Y}} \tag{4-12}$$

$$N_A = K_L(c^* - c) = \frac{c^* - c}{\dfrac{1}{K_L}} \tag{4-13}$$

$$N_A = K_X(X^* - X) = \frac{X^* - X}{\dfrac{1}{K_X}} \tag{4-14}$$

式中　c^*、X^*、p^*、Y^*——与液相主体或气相主体的组成成平衡关系的浓度；

　　　X、Y——用摩尔比表示的液相主体或气相主体的浓度；

　　　K_L——以液相浓度差为推动力的总传质系数，m/s；

　　　K_G——以气相分压差为推动力的总传质系数，$kmol/(m^2 \cdot s \cdot kPa)$；

　　　K_X——以液相摩尔比差为推动力的总传质系数，$kmol/(m^2 \cdot s)$；

　　　K_Y——以气相摩尔比差为推动力的总传质系数，$kmol/(m^2 \cdot s)$。

（四）吸收塔的设计

1．物料衡算

图 4-3 所示为一个稳定操作下的逆流接触吸收塔，塔底截面用 1—1′表示，塔顶截面用 2—2′表示，塔中任一截面用 m—m′表示，图中各符号的意义如下：

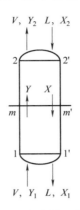

图 4-3　逆流接触吸收塔示意

V——单位时间内通过吸收塔的惰性气体量，kmol（B）/s；

L——单位时间内通过吸收塔的吸收剂量，kmol（S）/s；

Y_1、Y_2——进塔和出塔气体中溶质的摩尔比，kmol（A）/kmol（B）；

X_1、X_2——出塔和进塔液体中溶质的摩尔比，kmol（A）/kmol（S）。

在无物料损失时，单位时间进塔物料中溶质 A 的量等于出塔物料中 A 的量，或气相中溶质 A 减少的量等于液相中溶质增加的量，即

$$VY_1 + LX_2 = VY_2 + LX_1 \tag{4-15}$$

或

$$V(Y_1 - Y_2) = L(X_1 - X_2) \tag{4-16}$$

一般在工程上，吸收操作中进塔混合气的组成 Y_1 和惰性气体流量 V 是由吸收任务给定的，吸收剂的初始浓度 X_2 和流量 L 往往根据生产工艺确定，如果溶质回收率 η 也确定，则气体离开塔时的组成 Y_2 也是定值：

$$Y_2 = Y_1(1-\eta) \tag{4-17}$$

式中　η——混合气体中溶质 A 被吸收的百分数，称为吸收率或回收率。

2．操作线方程与操作线

操作线方程是描述塔内任一截面上气相组成 Y 和液相组成 X 之间关系的方程。

在塔底截面与任意截面 m—m′间作溶质组分的物料衡算，得

$$Y = \frac{L}{V}X + (Y_1 - \frac{L}{V}X_1) \qquad (4\text{-}18)$$

$$Y = \frac{L}{V}X + (Y_2 - \frac{L}{V}X_2) \qquad (4\text{-}19)$$

式（4-18）和式（4-19）是逆流吸收时吸收塔的操作线方程，表明塔内任一截面上气液两相组成之间的关系是直线关系。两方程表示的是同一条直线，该直线斜率是 L/V，见图 4-4。

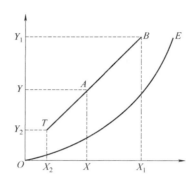

图 4-4　逆流吸收塔的操作线和平衡线示意

图 4-4 为逆流吸收塔的操作线和平衡线示意。曲线 OE 为平衡线，BT 为操作线。操作线与平衡线之间的距离决定着吸收操作推动力的大小，操作线离平衡线越远，推动力越大。操作线上任意一点 A 代表塔内相应截面上气、液相浓度 Y、X 之间的关系。在进行吸收操作时，塔内任一截面上吸收质在气相中的浓度总是大于与其接触的液相的气相平衡浓度，所以吸收过程的操作线在平衡线上方。

3．吸收剂用量

吸收剂用量的大小从设备费用和操作费用两方面影响吸收过程的经济性，应综合考虑，选择适宜的液气比，使两种费用之和最小。根据生产实践经验，一般情况下取吸收剂用量为最小用量的 1.1～2.0 倍是比较适宜的，即

$$\frac{L}{V} = (1.1\sim2)\left(\frac{L}{V}\right)_{min} \qquad (4\text{-}20)$$

或

$$L = (1.1\sim2)\,L_{min} \qquad (4\text{-}21)$$

式中，$(L/V)_{min}$ 称为最小液气比，计算公式见式（4-22）、式（4-23），相应的吸收剂用量即为最小吸收剂用量，以 L_{min} 表示。

$$\left(\frac{L}{V}\right)_{min} = \frac{Y_1 - Y_2}{X_1^* - X_2} \qquad (4\text{-}22)$$

$$\left(\frac{L}{V}\right)_{\min} = \frac{Y_1 - Y_2}{X_{1,\max}' - X_2} \tag{4-23}$$

4.填料层高度

填料层高度的基本计算式见式（4-24）、式（4-25）。

$$Z = \frac{V}{K_Y a \Omega} \int_{Y_2}^{Y_1} \frac{\mathrm{d}Y}{Y - Y^*} = H_{OG} N_{OG} \tag{4-24}$$

$$Z = \frac{L}{K_X a \Omega} \int_{X_2}^{X_1} \frac{\mathrm{d}X}{X^* - X} = H_{OL} N_{OL} \tag{4-25}$$

式中，$H_{OG} = \dfrac{V}{K_Y a \Omega}$ 为气相总传质单元高度，$H_{OL} = \dfrac{L}{K_X a \Omega}$ 为液相总传质单元高度，单位均

为 m，可以理解为一个传质单元所需要的填料层高度，它们反映吸收设备效能的高低。

$N_{OG} = \displaystyle\int_{Y_2}^{Y_1} \frac{\mathrm{d}Y}{Y - Y^*}$ 为气相总传质单元数，$N_{OL} = \displaystyle\int_{X_2}^{X_1} \frac{\mathrm{d}X}{X^* - X}$ 为液相总传质单元数，无单位。

它们与气相进、出口浓度及平衡关系有关，反映吸收任务的难易程度。

$K_Y a$、$K_X a$ 为体积吸收总系数，单位为 kmol/（m³·s）。其物理意义是在推动力为一个单位的情况下，单位时间内单位体积填料层所吸收的溶质的量。

三、主要设备

（一）填料塔

　　填料塔是吸收操作中使用最广泛的一种塔型。填料塔由填料、塔内件及塔体构成，如图 4-5 所示。填料塔塔体内充填有一定高度的填料层，填料层下面为支承板，上面为填料压板及液体分布装置，必要时需将填料层分段，在段与段之间设置液体再分布装置。操作时液体经顶部的液体分布装置分散后，沿填料表面流下，润湿填料表面；气体自塔底向上与液体作逆流流动，气液两相间的传质通过填料表面的液层与气相间的界面进行。填料塔结构简单、造价低、易用耐腐蚀材料制作、生产能力大、分离效率高、阻力小。但当塔径较大时，气液两相接触不均匀，效率较低。

　　与板式塔相比，填料塔具有以下特点。

（1）结构简单，便于安装，小直径的填料塔造价低。

（2）压降较小，适合减压操作，且能耗低。

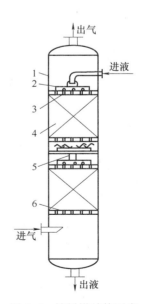

图 4-5　填料塔结构示意

1—塔体；2—液体分布器；3—填料压紧装置；

4—填料层；5—液体再分布器；6—支承板

（3）分离效率高，用于难分离的混合物，塔高较低。

（4）适用于易起泡物系的分离，因为填料对泡沫有限制和破碎作用。

（5）适用于腐蚀性介质，因为可采用不同材质的耐腐蚀填料。

（6）适用于热敏性物料，因为填料塔持液量少，物料在塔内停留时间短。

（7）操作弹性较小，对液体负荷的变化特别敏感。当液体负荷较小时，填料表面不能很好地润湿，传质效果急剧下降；当液体负荷过大时，易发生液泛。

（8）不宜处理易聚合或含有固体颗粒的物料。

（二）填料

1. 填料的特性

1）比表面积

填料的比表面积是单位体积填料的表面积，用 a 表示，单位为 m^2/m^3。填料应具有较大的比表面积，以增大塔内传质面积。

2）空隙率

填料的空隙率定义为单位体积填料所提供的空隙体积，记为 ε，无因次。填料的空隙率大，气液通过能力强且气体流动阻力小。

3）填料因子

填料因子包括干填料因子与湿填料因子。

干填料因子是由填料的比表面积与空隙率所组成的复合量，定义为填料的比表面积与填料的空隙率的三次方之比，记为 φ，$\varphi = \dfrac{a}{\varepsilon^3}$，单位为 $1/m$。

湿填料因子是填料层内有液体流过时，润湿的填料的实际比表面积与实际空隙率的三次方之比。

2. 常用填料

填料的种类很多，按装填方式分为乱堆填料和整砌填料，按使用效率分为普通填料和高效填料，按结构分为实体填料和网体填料。实体填料包括环形填料（如拉西环、鲍尔环、阶梯环等）、鞍形（如弧鞍形、矩鞍形）填料、栅板填料和波纹填料等。网体填料主要是由金属丝网制成的各种填料，如鞍形网、θ网、波纹网等。下面介绍几种常见的填料。

（1）拉西环。拉西环是工业上最早的、应用最广泛的一种填料。它的构造如图 4-6（a）所示，是外径和高度相等的空心圆柱。在强度允许的情况下，其壁厚应当尽量减小，以提高空隙率并减小堆积的重度。拉西环结构简单，价格低廉，但液体的沟流及壁流现象较严重，操作弹性范围较小，气体阻力较大。

（2）鲍尔环。鲍尔环是在普通的拉西环壁上开上下两层长方形窗孔，窗孔部分的环壁形成叶片弯向环中心，在环中心相搭，上下两层小窗位置交义，如图 4-6（c）所示。其气体阻力小，压降低，液体分布较均匀，填料效率较高，操作弹性范围较大。

（3）阶梯环。阶梯环是在鲍尔环的基础上作了进一步的改进。阶梯环的总高为直径的 5/8，圆筒一端有向外翻卷的喇叭口，如图 4-6（f）所示。阶梯环的空隙率大，而且填料个体之间呈点接触，可使液膜不断更新，传质效率高，压降小。

（4）矩鞍形填料。如图 4-6（e）所示，矩鞍形填料是一种敞开型填料，装填于塔内呈套接状态，因而稳定性较好，表面利用率较高，并且因液体流道通畅，不易被固体悬浮物堵塞。其能用价格便宜又耐腐蚀的陶瓷和塑料制造，因此具有发展前途。其优点是具有较大的空隙率，阻力较小，效率较高。

（5）波纹填料。波纹填料由许多层波纹薄板制成，各板高度相同但长短不等，搭配排列而成圆饼状，波纹与水平方向成 45°角，相邻两板反向叠靠，使波纹在倾斜方向上互相垂直。圆饼的直径略小于塔壳内径，各饼竖直叠放于塔内。相邻的上下两饼波纹板片排列方向成 90°角，如图 4-6（i）所示。其优点是结构紧凑，比表面积大，流体阻力小，流体分布均匀，传质效果好。但其造价较高，易堵塞。

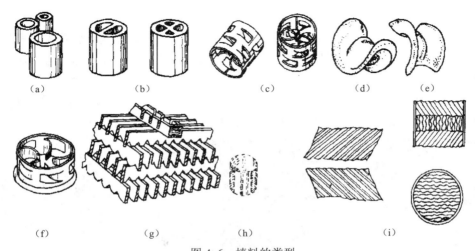

图 4-6　填料的类型

（a）拉西环　（b）拉辛环　（c）鲍尔环　（d）弧鞍形填料　（e）矩鞍形填料
（f）阶梯环　（g）木格填料　（h）θ网环　（i）波纹填料

（6）丝网波纹填料。丝网波纹填料是用丝网制成的具有一定形状的填料。它是一种高效率的填料，有多种形状，例如θ网环、鞍形网等。优点：丝网细而薄，做成填料体积较小，比表面积和空隙率都比较大，因而传质效率高。缺点：造价昂贵，易堵塞，清理不方便。

3. 选择填料的原则

填料选择正确与否对填料塔的操作有很大的影响。为了使填料塔高效率地操作，所用填料一般应具备下列条件：

（1）单位体积填料的表面积（即比表面积）必须大，比表面积以 m^2/m^3 表示；

（2）单位体积填料具有的空隙体积（即空隙率）必须大，空隙率以 m^3/m^3 表示；

（3）填料表面有较好的液体均匀分布性能，以避免液体的沟流及壁流现象；

（4）气流在填料层中均匀分布，以使压降均衡，无死角，填料层阻力较小的大塔特别需要注意；

（5）制造容易，造价低廉；

（6）具有足够的机械强度；

（7）液体及气体均须具有化学稳定性。

4. 填料研究的新进展

随着化工技术的高速发展，相继出现了一些新型填料，如多面球形填料、共轭环填料、海尔填料、脉冲填料、泰勒花环填料、纳特环填料等。这些新型填料的主要特征有：

（1）比表面积大；

（2）空隙率大；

（3）填料形状改变，有利于减少面接触。

（三）填料塔的附件

1. 支承板

在填料塔中，支承板的作用是支承填料和填料上的持液。因此支承板首先要有足够的强度和刚度；其次要具有大于填料层的空隙率的开孔率，以保证气体和液体能自由通过，避免在此发生液泛。

常用的支承板有栅板式、升气管式等，如图4-7所示。选择哪种支承装置主要根据塔径、使用的填料的种类及型号、塔体及填料的材质、气液流量等确定。

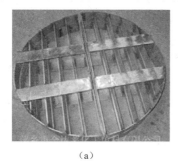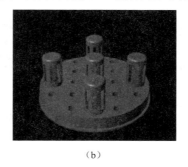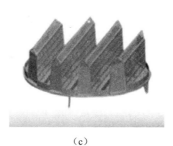

（a）　　　　　　　　　　（b）　　　　　　　　　　（c）

图4-7　填料塔的支承装置

（a）栅板式　（b）升气管式　（c）驼峰式

2. 液体分布器

液体分布器的作用是使液体均匀地分布在填料表面上。如果液体分布不均，会减小填料的有效传质面积，使液体发生沟流，从而降低吸收效率。常用的液体分布器有莲蓬头式、管式、盘式、槽式等多种形式。

莲蓬头式液体分布器如图4-8（a）所示，一般用于直径小于600 mm的塔中。其结构简单，但是小孔易于堵塞，因而不适用于处理污浊液体，当气量较大时，会产生并夹带较多的液沫。

盘式液体分布器如图4-8（b）、（c）所示。液体加至分布盘上，盘底开有筛孔的称为筛孔式液体分布器；盘底装有许多直径及高度均相同的溢流短管的称为溢流管式液体分布器。筛孔式液体分布器的分布效果较溢流管式液体分布器好，但溢流管式液体分布器的自由截面积较大，不易堵塞。

槽式液体分布器如图4-8（d）所示。其特点是具有较大的操作弹性和极好的抗污堵性，特别适用于大气液负荷及含有固体悬浮物、黏度大的液体的分离场合，应用范围非常广。

　　管式液体分布器如图 4-8（e）、（f）所示，由不同结构形式的开孔管制成，有排管式、环管式等不同形式。其结构简单，供气体流过的自由截面大，阻力小；但小孔易堵塞，操作弹性一般较小。管式液体分布器多用于中等以下液体负荷的填料塔中。在减压精馏中，由于液体负荷较小，常用之。

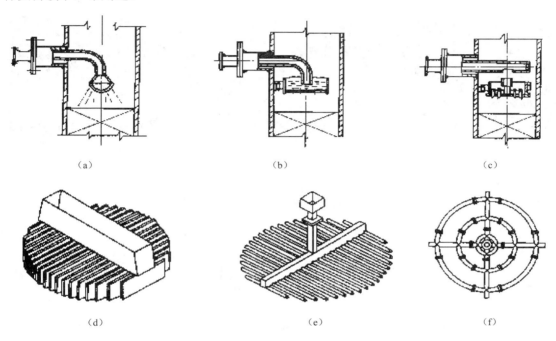

（a）　　　　　　　　　　（b）　　　　　　　　　　（c）

（d）　　　　　　　　　　（e）　　　　　　　　　　（f）

图 4-8　液体分布器

（a）莲蓬头式　（b）筛孔式　（c）溢流管式　（d）槽式　（e）排管式　（f）环管式

3. 液体再分布器

　　液体再分布器是用来改善液体在填料层中向塔壁流动的效应的，一般设置在填料的段与段之间。

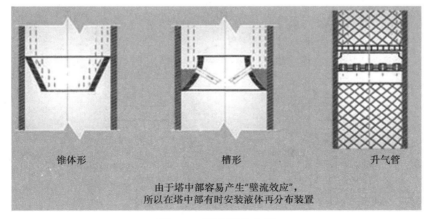

锥体形　　　　　　　　　槽形　　　　　　　　　升气管

由于塔中部容易产生"壁流效应"，
所以在塔中部有时安装液体再分布装置

图 4-9　液体再分布器

4．气体出口除沫装置

当塔内气速大时，气体通过填料层顶部时会夹带大量的雾滴，故通常在液体分布器的上部设置除沫装置。当气速较小时，气体中的液滴量很少，可不设置除沫装置。

除沫装置的作用是除去从填料层顶部逸出的气体中的液滴。

常用的除沫装置有折板除沫器、丝网除沫器、旋流板除沫器等，如图 4-10 所示。

（a）　　　　　　　　　　　　　　　　　　　　（b）

图 4-10　除沫装置

（a）折板除沫器　（b）丝网除沫器

四、工艺流程

用洗油脱除焦炉煤气中的粗苯的工艺流程简图如图 4-11 所示。

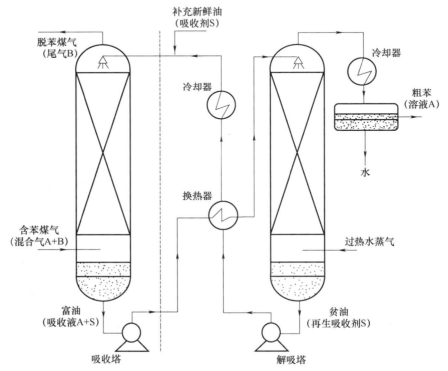

图 4-11　用洗油脱除焦炉煤气中的粗苯的工艺流程简图

◆ 任务计划与实施

表 4-1　工作任务计划与实施表

专业		班级		姓名		学号	
组别		任务名称		认识吸收-解吸		参考学时	4
任务描述	1. 阐述吸收-解吸的原理及过程； 2. 简述图 4-11 所示用洗油脱除焦炉煤气中的粗苯的工艺流程						
任务计划及实施过程							

◆ 任务评价

表 4-2　工作任务评价单

班级		姓名		学号		成绩	
组别		任务名称		认识吸收-解吸		参考学时	4
序号	评价内容		分数	自评分	互评分	组长或教师评分	
1	课前准备（课前预习情况）		5				
2	知识链接（完成情况）		25				
3	任务计划与实施		35				
4	学习效果		30				
5	遵守课堂纪律		5				
总分			100				
综合评价（自评分×20%+互评分×40%+组长或教师评分×40%）							

组长签字：　　　　　　　　　　教师签字：

任务二　吸收-解吸仿真操作

任务导入

在吸收-解吸理论的基础上，依靠 DCS 操作系统，在软件上独立完成以 C6 油为吸收剂，分离气体混合物（其中 C4:25.13%，CO 和 CO_2:6.26%，N_2:64.58%，H_2:3.5%，O_2:0.53%）中的 C4 组分（吸收质）的吸收-解吸仿真实训，内容包括冷态开车、正常操作、正常停车，并会对操作过程中发生的故障进行处理。

任务分析

要完成相应的项目任务，应熟悉项目的工艺流程和操作界面，了解系统的 DCS 控制方案，掌握控制系统的操作方法，能够对不同的控制系统、阀门进行正确操作，能够对工艺过程的压力、液位、温度、流量等参数进行监控和调节，能够独立完成吸收-解吸仿真实训的冷态开车、正常操作、正常停车操作，并能对操作过程中出现的故障进行分析及处理。

知识链接

一、工艺流程

（一）主要设备

T101：吸收塔；
D101：C6 油贮罐；
D102：气液分离罐；
E101：吸收塔顶冷凝器；
E102：循环油冷却器；
P101A/B：C6 油供给泵；
T102：解吸塔；
D103：解吸塔顶回流罐；
E103：贫富油换热器；
E104：解吸塔顶冷凝器；
E105：解吸塔釜再沸器；
P102A/B：解吸塔顶回流、塔顶产品采出泵。

(二) 仪表及报警

本装置的仪表及报警见表4-3。

表4-3　仪表及报警

位号	说明	类型	正常值	量程上限	量程下限	工程单位	高报值	低报值
AI101	回流罐C4组分含量显示	AI	>95.0	100.0	0	%		
FI101	T101进料量显示	AI	5.0	10.0	0	t/h		
FI102	T101塔顶气量显示	AI	3.8	6.0	0	t/h		
FRC103	吸收剂流量控制	PID	13.5	20.0	0	t/h	16.0	4.0
FIC104	富油流量控制	PID	14.7	20.0	0	t/h	16.0	4.0
FI105	T102进料量显示	AI	14.7	20.0	0	t/h		
FIC106	回流量控制	PID	8.0	14.0	0	t/h	11.2	2.8
FI107	T101塔底贫油采出量显示	AI	13.41	20.00	0	t/h		
FIC108	加热蒸汽量控制	PID	2.963	6.000	0	t/h		
LIC101	吸收塔塔釜液位控制	PID	50	100	0	%	85	15
LI102	D101液位显示	AI	60	100	0	%	85	15
LI103	D102液位显示	AI	50	100	0	%	65	5
LIC104	解吸塔塔釜液位控制	PID	50	100	0	%	85	15
LIC105	回流罐液位控制	PID	50	100	0	%	85	15
PI101	吸收塔顶压力显示	AI	1.22	20.0	0	MPa	1.7	0.3
PI102	吸收塔底压力显示	AI	1.25	20.0	0	MPa		
PIC103	解吸塔顶压力控制	PID	1.2	20.0	0	MPa	1.7	0.3
PIC104	解吸塔顶压力控制	PID	0.55	1.00	0	MPa		
PIC105	解吸塔顶压力控制	PID	0.50	1.00	0	MPa		
PI106	解吸塔底压力显示	AI	0.53	1.00	0	MPa		
TI101	吸收塔顶温度显示	AI	6	40	0	℃		
TI102	吸收塔底温度显示	AI	40	100	0	℃		
TIC103	循环油温度控制	PID	5.0	50.0	0	℃	10.0	2.5
TI104	C4回收油温度显示	AI	2.0	40.0	0	℃		
TI105	预热后温度显示	AI	80.0	150.0	0	℃		
TI106	吸收塔顶温度显示	AI	6.0	50.0	0	℃		
TIC107	解吸塔釜温度控制	PID	102.0	150.0	0	℃		
TI108	回流罐温度显示	AI	40.0	100.0	0	℃		

（三）工艺说明

吸收-解吸是石油化工生产过程中较常用的重要单元操作过程。吸收过程利用气体混合物中各个组分在液体（吸收剂）中的溶解度不同来分离气体混合物。被溶解的组分称为溶质或吸收质，含有溶质的气体称为富气，不被溶解的气体称为贫气或惰性气体。

吸收剂中的溶质和气相中的溶质存在溶解平衡，当溶质在吸收剂中达到溶解平衡时，溶质在气相中的分压称为该组分在该吸收剂中的饱和蒸气压。当溶质在气相中的分压大于该组分的饱和蒸气压时，溶质就从气相溶入吸收剂中，称为吸收过程。当溶质在气相中的分压小于该组分的饱和蒸气压时，溶质就从液相逸出到气相中，称为解吸过程。

提高压力、降低温度有利于溶质吸收；降低压力、提高温度有利于溶质解吸。根据这一原理，吸收剂可以重复使用。

该单元以 C6 油为吸收剂，分离气体混合物（其中 C4:25.13%，CO 和 CO_2:6.26%，N_2:64.58%，H_2:3.5%，O_2:0.53%）中的 C4 组分（吸收质）。

从界区外来的富气从底部进入吸收塔 T101。从界区外来的纯 C6 油吸收剂被贮存于 C6 油贮罐 D101 中，由 C6 油供给泵 P101A/B 送入吸收塔 T101 的顶部，C6 的流量由 FRC103 控制。吸收剂 C6 油在吸收塔 T101 中自上而下与富气逆向接触，富气中的 C4 组分被溶解在 C6 油中。不溶解的贫气自 T101 顶部排出，经吸收塔顶冷凝器 E101 被-4 ℃的盐水冷却至 2 ℃进入气液分离罐 D102。吸收了 C4 组分的富油（C4:8.2%，C6:91.8%）从吸收塔底部排出，经贫富油换热器 E103 预热至 80 ℃进入解吸塔 T102。吸收塔塔釜液位由 LIC101 和 FIC104 通过调节塔釜富油采出量串级控制。

来自吸收塔顶部的贫气在气液分离罐 D102 中回收冷凝的 C4、C6 后，不凝气在 D102 的压力控制器 PIC103 [1.2 MPa（G）]的控制下排入放空总管进入大气。回收的冷凝液（C4、C6）与吸收塔釜排出的富油一起进入解吸塔 T102。

预热后的富油进入解吸塔 T102 进行解吸分离。塔顶气相出料（C4:95%）经解吸塔顶冷凝器 E104 换热降温至 40 ℃后全部冷凝进入解吸塔顶回流罐 D103，其中一部分冷凝液由 P102A/B 打回流至解吸塔顶部，回流量为 8.0 t/h，由 FIC106 控制，剩余部分作为 C4 产品在液位控制器（LIC105）作用下由 P102A/B 泵送出。塔釜的 C6 油在液位控制器（LIC104）作用下，经贫富油换热器 E103 和循环油冷却器 E102 降温至 5 ℃返回 C6 油贮罐 D101 再利用，其温度由温度控制器 TIC103 通过调节 E102 的循环冷却水流量控制。

T102 塔釜温度由 TI104 和 FIC108 通过调节解吸塔釜再沸器 E105 的蒸汽流量串级控制，控制温度在 102 ℃。塔顶压力由 PIC105 通过调节解吸塔顶冷凝器 E104 的冷却水流量控制，另有一个塔顶压力保护控制器 PIC104，在塔顶贫气压力高时通过调节 D103 的放空量降压。

因为塔顶的 C4 产品中含有部分 C6 油及其他的 C6 油损失，随着生产的进行，要定期观察 C6 油贮罐 D101 的液位，补充新鲜的 C6 油。

（四）控制方案

吸收-解吸单元的复杂控制回路主要是串级回路的使用，在吸收塔、解吸塔和产品罐中都使用了液位与流量串级回路。

串级回路是在简单调节系统的基础上发展起来的。在结构上，串级回路调节系统有两个闭合回路。主、副调节器串联，主调节器的输出为副调节器的给定值，系统通过副调节器的输出操纵调节阀动作，实现对主参数的定值调节。所以在串级回路调节系统中，主回路是定值调节系统，副回路是随动系统。

在吸收塔 T101 中，为了保证液位稳定，有一个塔釜液位与塔釜出料组成的串级回路。液位调节器的输出是流量调节器的给定值，即流量调节器 FIC104 的 SP 值（设定值）由液位调节器 LIC101 的输出 OP 值（输出值）控制，LIC101 的 OP 变化使 FIC104 的 SP 发生相应的变化。

二、仿真操作规程

（一）冷态开车

本操作规程仅供参考，详细操作以评分系统为准。

装置的开车状态为吸收塔、解吸塔系统均处于常温常压下，各调节阀处于手动关闭状态，各手操阀处于关闭状态，氮气置换已完毕，公用工程已具备条件，可以直接进行氮气充压。

1. 氮气充压

（1）确认所有手操阀处于关闭状态。

（2）进行氮气充压：

① 打开氮气充压阀，为吸收塔系统充压；

② 当吸收塔系统的压力升至 1.0 MPa（表）左右时，关闭氮气充压阀；

③ 打开氮气充压阀，给解吸塔系统充压；

④ 当吸收塔系统的压力升至 0.5 MPa（表）左右时，关闭氮气充压阀。

2. 进吸收油

（1）确认：

① 系统充压已结束；

② 所有手操阀处于关闭状态。

（2）吸收塔系统进吸收油：

① 打开引油阀 V9 至开度为 50%左右，向 C6 油贮罐 D101 引入 C6 油至液位达到 70%；

② 打开 C6 油供给泵 P101A（或 B）的入口阀，启动 P101A（或 B）；

③ 打开 P101A（或 B）的出口阀，手动打开调节阀 FV103 至开度为 30%左右，给吸收塔 T101 充液至 50%，充油过程中注意观察 D101 的液位，必要时给 D101 补充新油。

（3）解吸塔系统进吸收油：

① 手动打开调节阀 FV104 至开度为 50%左右，给解吸塔 T102 进吸收油至液位达到 50%；

② 给 T102 进油时注意给 T101 和 D101 补充新油，以保证 D101 和 T101 的液位均不低于50%。

3. C6 油冷循环

（1）确认：

① C6 油贮罐、吸收塔、解吸塔的液位在 50%左右；

② 吸收塔系统与解吸塔系统保持合适的压差。

（2）建立冷循环：

① 手动逐渐打开调节阀 LV104，向 D101 倒油；

② 在向 D101 倒油的同时逐渐调整 FV104 的开度，以保持 T102 的液位在 50%左右，将 LIC104 设定在 50%，投自动；

③ 由 T101 至 T102 油循环时，手动调节 FV103，以保持 T101 的液位在 50%左右，将 LIC101 设定在 50%，投自动；

④ 手动调节 FV103，使 FRC103 保持在 13.5 t/h，投自动，冷循环 10 分钟。

4. 解吸塔顶回流罐 D103 加 C4

打开 V21 向 D103 加 C4 至液位为 20%。

5. C6 油热循环

（1）确认：

① 冷循环过程已经完成；

② D103 的液位已建立。

（2）解吸塔釜再沸器投用：

① 将 TIC103 设定在 5 ℃，投自动；

② 手动打开 PV105 至开度为 70%；

③ 手动控制 PIC105 于 0.5 MPa，待回流稳定后投自动；

④ 手动打开 FV108 至开度为 50%，开始给 T102 加热。

（3）建立 T102 的回流：

① 随着 T102 塔釜温度逐渐升高，C6 油开始汽化，并在 E104 中冷凝后流至解吸塔顶回流罐 D103；

② 当塔顶温度高于 50 ℃时，打开 P102A/B 的入、出口阀 VI25/27、VI26/28，打开 FIC106 的前、后阀，手动打开 FV106 至合适的开度，维持塔顶温度高于 51 ℃；

③ 当 TIC107 的温度的示值达到 102 ℃时，将 TIC107 设定在 102 ℃，投自动，TIC107 和 FIC108 投串级；

④ 热循环 10 分钟。

6. 进富气

（1）确认 C6 油热循环已经建立。

（2）进富气：

① 逐渐打开富气进料阀 V1，开始进富气；

② 随着 T101 进富气，塔压升高，手动调节 PIC103 使压力恒定在 1.2 MPa（表），待富气进料达到正常值后，设定 PIC103 在 1.2 MPa（表），投自动；

③ 吸收了 C4 的富油进入解吸塔后，塔压将逐渐升高，手动调节 PIC105，维持 PIC105 在 0.5 MPa（表），稳定后投自动；

④ 待 T102 的温度、压力稳定后，手动调节 FIC106 使回流量达到正常值 8.0 t/h，投自动；

⑤ 观察 D103 的液位，液位高于 50%时，打开 LIC105 的前、后阀，手动调节 LIC105 维持液位在 50%左右，投自动；

⑥ 将所有操作指标逐渐调整到正常状态。

（二）正常操作

1. 正常工况下的工艺参数

（1）吸收塔顶压力控制 PIC103：1.2 MPa（表）；

（2）循环油温度控制 TIC103：5.0 ℃；

（3）解吸塔顶压力控制 PIC105：0.50 MPa（表）；

（4）解吸塔顶温度：51.0 ℃；

（5）解吸塔釜温度控制 TIC107：102.0 ℃。

2. 补充新油

因为塔顶的 C4 产品中含有部分 C6 油及其他的 C6 油损失，随着生产的进行，要定期观察 C6 油贮罐 D101 的液位，当液位低于 30%时，打开阀 V9 补充新鲜的 C6 油。

3. D102 排液

在生产过程中贫气中的少量 C4 和 C6 组分积累于气液分离罐 D102 中，要定期观察 D102 的液位，当液位高于 70%时，打开阀 V7 将凝液排放至解吸塔 T102 中。

4. T102 塔压控制

正常情况下 T102 的压力由 PIC105 通过调节 E104 的冷却水流量控制。在生产过程中会有少量不凝气积累于解吸塔顶回流罐 D103 中使解吸塔系统压力升高，这时 T102 顶部的压力超高保护控制器 PIC104 会自动排放不凝气，维持压力不超高。必要时可手动打开 PV104 至开度为 1%～3%来调节压力。

（三）正常停车

本操作规程仅供参考，详细操作以评分系统为准。

1. 停富气进料

（1）关闭富气进料阀 V1，停富气进料；

（2）富气进料中断后，T101 塔压会降低，手动调节 PIC103，维持 T101 的压力>1.0 MPa（表）；

（3）手动调节 PIC105 维持 T102 的塔压在 0.20 MPa（表）左右；

（4）维持 T101→T102→D101 的 C6 油循环。

2. 停吸收塔系统

（1）停 C6 油进料：

① 停 C6 油供给泵 P101A/B；

② 关闭 P101A/B 的入、出口阀；

③ 将 FRC103 置手动，关闭其前、后阀；

④ 手动关闭 FV103，停 T101 油进料。

此时应注意保持 T101 的压力，压力低时可用 N_2 充压，否则 T101 塔釜的 C6 油无法排出。

（2）吸收塔系统泄油：

① 将 LIC101 和 FIC104 置手动，FV104 的开度保持在 50%，向 T102 泄油；

② 当 LIC101 的液位降至 0%时，关闭 FV108；

③ 打开 V7，将 D102 中的凝液排至 T102 中；

④ 当 D102 的液位降至 0%时，关闭 V7；

⑤ 关闭 V4，中断盐水，停 E101；

⑥ 手动打开 PV103，使吸收塔系统泄压至常压，关闭 PV103。

3．停解吸塔系统

（1）停 C4 产品出料：

富气进料中断后，将 LIC105 置手动，关闭 LV105，关闭其前、后阀。

（2）T102 降温：

① 将 TIC107 和 FIC108 置手动，关闭 E105 的蒸汽阀 FV108，停解吸塔釜再沸器 E105；

② 在停止 T102 加热的同时，手动关闭 PV105 和 PV104，保持解吸系统的压力。

（3）停 T102 回流：

① 再沸器停用，温度降至泡点以下后，油不再汽化，当 D103 的液位示值小于 10%时，停回流泵 P102A/B，关闭 P102A/B 的入、出口阀；

② 手动关闭 FV106 及其前、后阀，停 T102 回流；

③ 打开 D103 的泄液阀 V19；

④ 当 D103 的液位降至 0%时，关闭 V19。

（4）T102 泄油：

① 手动置 LIC104 于 50%，将 T102 中的油倒入 D101 中；

② 当 T102 的液位降至 10%时，关闭 LV104；

③ 手动关闭 TV103，停 E102；

④ 打开 T102 的泄油阀 V18，当 T102 的液位降至 0%时，关闭 V18。

（5）T102 泄压：

① 手动打开 PV104 至开度为 50%给解吸塔系统泄压；

② 当解吸塔系统的压力降至常压时，关闭 PV104。

4．C6 油贮罐 D101 排油

（1）停 T101 的吸收油进料后，D101 液位必然上升，此时打开 D101 的排油阀 V10 排污油；

（2）当 T102 中的油倒空，D101 的液位降至 0%时，关闭 V10。

三、事故设置及处理

下列事故处理操作仅供参考，详细操作以评分系统为准。

（一）冷却水中断

1．事故现象

（1）冷却水流量为 0。

（2）入口管路上的各阀均处于常开状态。

2．处理方法

（1）停止进料，关闭 V1。

（2）手动关闭 PV103 保压。

（3）手动关闭 FV104，停 T102 进料。

（4）手动关闭 LV105，停产品出料。

（5）手动关闭 FV103，停 T101 回流。

（6）手动关闭 FV106，停 T102 回流。

（7）关闭 LIC104 的前、后阀，保持液位。

（二）加热蒸汽中断

1. 事故现象

（1）加热蒸汽管路上的各阀开度正常。

（2）加热蒸汽入口流量为 0。

（3）塔釜温度急剧下降。

2. 处理方法

（1）停止进料，关闭 V1。

（2）停 T102 回流。

（3）停 D103 产品出料。

（4）停 T102 进料。

（5）关闭 PV103 保压。

（6）关闭 LIC104 的前、后阀，保持液位。

（三）仪表风中断

1. 事故现象

各调节阀全开或全关。

2. 处理方法

（1）打开 FRC103 的旁路阀 V3。

（2）打开 FIC104 的旁路阀 V5。

（3）打开 PIC103 的旁路阀 V6。

（4）打开 TIC103 的旁路阀 V8。

（5）打开 LIC104 的旁路阀 V12。

（6）打开 FIC106 的旁路阀 V13。

（7）打开 PIC105 的旁路阀 V14。

（8）打开 PIC104 的旁路阀 V15。

（9）打开 LIC105 的旁路阀 V16。

（10）打开 FIC108 的旁路阀 V17。

（四）停电

1. 事故现象

（1）泵 P101A/B 停。

（2）泵 P102A/B 停。

2．处理方法

（1）打开泄液阀 V10，保持 LI102 的液位在 50%。

（2）打开泄液阀 V19，保持 LI105 的液位在 50%。

（3）减小加热油流量，防止塔温过高。

（4）停止进料，关闭 V1。

（五）泵 P101A 坏

1．事故现象

（1）FRC103 的流量降为 0。

（2）塔顶 C4 组成增大，温度上升，塔顶压力增大。

（3）塔釜液位下降。

2．处理方法

（1）停 P101A，先关泵后阀，再关泵前阀。

（2）开启 P101B，先开泵前阀，再开泵后阀。

（3）用 FRC103 将流量调至正常值，投自动。

（六）调节阀 LV104 卡

1．事故现象

（1）FI107 示数降至 0。

（2）塔釜液位上升，并可能报警。

2．处理方法

（1）关闭 LIC104 的前、后阀 VI13、VI14。

（2）打开 LIC104 的旁路阀 V12 至开度为 60%左右。

（3）调节旁路阀 V12 的开度，使液位保持在 50%。

（七）换热器 E105 结垢严重

1．事故现象

（1）调节阀 FV108 开度加大。

（2）加热蒸汽入口流量增大。

（3）塔釜温度下降，塔顶温度也下降，塔釜 C4 组成增大。

2．处理方法

（1）关闭富气进料阀 V1。

（2）手动关闭产品出料阀 LV102。

（3）手动关闭解吸塔釜再沸器并清洗。

四、仿真界面

吸收系统 DCS 界面及现场界面、解吸系统 DCS 界面及现场界面分别如图 4-12～图 4-15 所示。

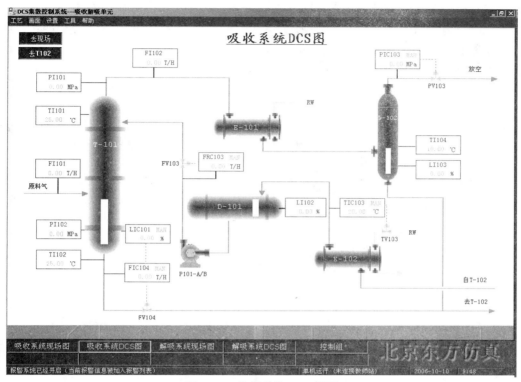

图 4-12 吸收系统 DCS 界面

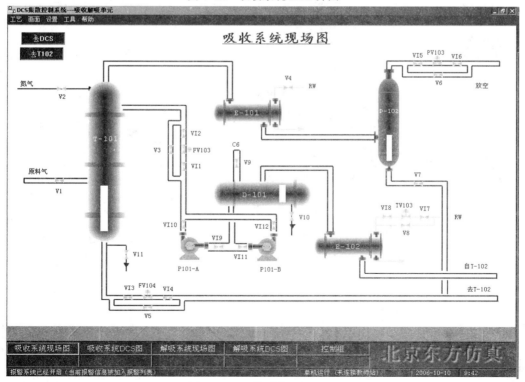

图 4-13 吸收系统现场界面

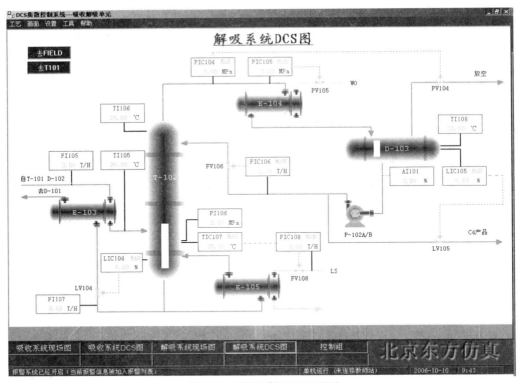

图 4-14 解吸系统 DCS 界面

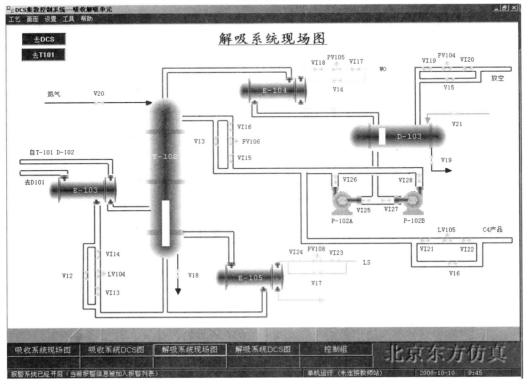

图 4-15 解吸系统现场界面

◆ 任务计划与实施

表 4-4 工作任务实施表

专业		班级		姓名		学号	
组别		任务名称	吸收-解吸仿真操作		参考学时		8
任务描述	完成吸收-解吸仿真操作任务，如冷态开车、正常操作、正常停车及故障处理等						
任务计划及实施过程							

◆ 任务评价

表 4-5 工作任务评价单

班级		姓名		学号		成绩	
组别		任务名称	吸收-解吸仿真操作		参考学时		8
序号	评价内容		分数	自评分	互评分	组长或教师评分	
1	课前准备（课前预习情况）		5				
2	知识链接（完成情况）		25				
3	任务计划与实施		35				
4	学习效果		30				
5	遵守课堂纪律		5				
总分			100				
综合评价（自评分×20%+互评分×40%+组长或教师评分×40%）							
组长签字：				教师签字：			

任务三 吸收-解吸实际操作

◆ 任务导入

以小组为单位,正确操作吸收-解吸实训装置。

◆ 任务分析

要完成吸收-解吸实际操作任务,首先要熟悉流程中各管件、阀门、仪表及装置的类型、原理、使用方法及安全操作等知识;其次要熟悉吸收-解吸实训装置的工艺流程及控制方法;最后能通过小组实训对吸收-解吸装置进行冷态开车、正常操作、正常停车的操作,并能对简单的故障进行分析和处理。

◆ 知识链接

一、吸收-解吸实训设备及工艺流程

(一)实训设备

吸收-解吸装置的主要设备见表4-6。

表4-6 吸收-解吸装置的主要设备

序号	位号	名称	用途	规格
1	T101	填料吸收塔	完成吸收任务	主体,硬质玻璃 $DN100 \times 1\,500$ mm;上部出口段,不锈钢,$\phi108$ mm×200 mm;下部入口段,不锈钢,$\phi108$ mm×400 mm
2	T201	填料解吸塔	完成解吸任务	主体,硬质玻璃 $DN100 \times 1\,800$ mm;上部出口段,不锈钢,$\phi108$ mm×200 mm;下部入口段,不锈钢,$\phi108$ mm×400 mm
3	P101	吸收液泵	输送吸收液	不锈钢,WB50/025,功率 250 W,$1.2 \sim 4.8$ m³/h
4	P201	解吸液泵	输送解吸液及吸收剂	不锈钢,WB50/025,功率 250 W,$1.2 \sim 4.8$ m³/h
5	V101	吸收液储槽	贮存吸收液	不锈钢,$\phi400$ mm×600 mm
6	V201	解吸液储槽	贮存解吸液及吸收剂	不锈钢,$\phi400$ mm×600 mm
7	P102	吸收气旋涡气泵	输送吸收用空气	XGB-8 型旋涡气泵,功率 370 W,最大流量 65 m³/h
8	P202	解吸气旋涡气泵	输送解吸用空气	XGB-8 型旋涡气泵,功率 370 W,最大流量 65 m³/h
9		空气转子流量计	现场显示原料空气的流量	LZB-10,$0.25 \sim 2.5$ m³/h
10		二氧化碳质量流量计	显示并控制二氧化碳的流量	S49-33M/MT,气体质量流量计,6 SLM

(二)实训仪表

吸收-解吸装置的主要仪表见表4-7。

表 4-7　吸收-解吸装置的主要仪表

序号	位号	仪表用途	仪表位置	规格		执行器
				传感器	显示仪	
1	FIC01	解吸空气流量	集中	涡轮流量计	AI-708B	电动调节阀
2	FIC02	进料空气流量	现场	转子流量计		
3	FIC03	解吸液/吸收剂流量	集中	涡轮流量计	AI-708B	变频器
4	FI04	吸收剂流量	集中	涡轮流量计	AI-501B	
5	FIC05	二氧化碳流量	集中	气体质量流量计	AI-708B	质量流量控制器
6	TI01	混合气进塔温度	集中	$\phi3$ mm×90 mm K 型热电偶	AI-702ME	
7	TI02	吸收塔尾气温度	集中			
8	TI03	吸收液进塔温度	集中		AI-702ME	
9	TI04	吸收液温度	集中			
10	TI05	解吸气进塔温度	集中		AI-702ME	
11	TI06	吸收塔尾气温度	集中			
12	TI07	吸收液进塔温度	集中		AI-702ME	
13	TI08	解吸液温度	集中			
14	LI01	吸收塔塔釜液位	现场		玻璃管	
15	LI02	解吸塔塔釜液位	现场		玻璃管	
16	LIC03	吸收液储槽液位	现场/集中	0～420 mm UHC 荧光柱式磁翻转液位计，精度 20 cm	AI-708B	变频器
17	LI04	解吸液储槽液位	现场		玻璃管	
18	PI01	吸收塔压差	集中	压差传感器	AI-501D	
19	PI02	吸收液泵出口压力	现场	Y-100 指针压力表，0～0.4 MPa		
20	PI03	解吸液泵出口压力	现场	Y-100 指针压力表，0～0.4 MPa		
21	PI04	解吸塔压差	集中	压差传感器	AI-501D	
22	AI01	吸收液 CO_2 浓度	集中	20% CO_2 浓度传感器	AI-501D	
23	AI02	解吸液 CO_2 浓度	集中	20% CO_2 浓度传感器	AI-501D	
24	AI03	吸收塔尾气浓度	集中	20% CO_2 浓度传感器	AI-501D	
25	AI04	解吸塔尾气浓度	集中	0.6% CO_2 浓度传感器	AI-501D	
26	AI05	吸收塔进气浓度	集中	0.6% CO_2 浓度传感器	AI-501D	

（三）工艺流程

　　空气（载体）由旋涡气泵提供，二氧化碳（溶质）由钢瓶提供，二者混合后从吸收塔的底部进入吸收塔向上流动，与向下流动的吸收剂逆流接触进行吸收，吸收尾气一部分进入二氧化碳气体分析仪，大部分排空；吸收剂（解吸液）存储于解吸液储槽，经解吸液泵输送至吸收塔的顶端向下流动，与上升的气体逆流接触吸收其中的溶质（二氧化碳），吸收液从吸收塔底部进入吸收液储槽。

　　空气（解吸惰性气体）由旋涡气泵提供，从解吸塔的底部进入解吸塔向上流动，与向下流动的吸收液逆流接触进行解吸，解吸尾气一部分进入二氧化碳气体分析仪，大部分排空；吸收液存储于吸收液储槽，经吸收液泵输送至解吸塔的顶端向下流动，与上升的气体逆流接触解吸其中的溶质（二氧化碳），解吸液从解吸塔底部进入解吸液储槽。

　　二氧化碳吸收-解吸装置带有控制点的工艺流程见图 4-16。

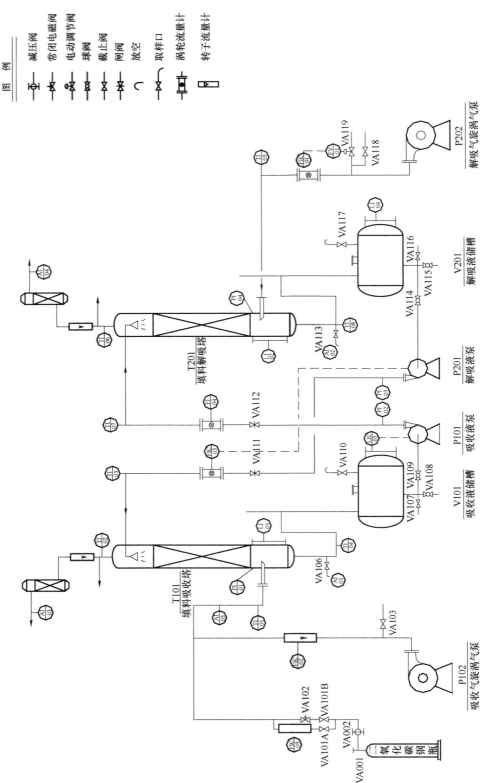

图4-16 二氧化碳吸收-解吸装置工艺流程

二、生产控制

在化工生产中，对各工艺变量有一定的控制要求。有些工艺变量对产品的数量和质量起着决定性的作用。例如，对吸收剂流量进行控制可以直接影响到吸收液中二氧化碳的含量；对吸收剂储槽液位进行控制可以保证实验顺利进行。

实现控制要求有两种方式，一是人工控制，二是自动控制。自动控制是在人工控制的基础上发展起来的，使用自动化仪表等控制装置代替人观察、判断、决策和操作。

先进控制策略在化工生产过程中的推广应用能够有效提高生产过程的平稳性和产品质量的合格率，对于降低生产成本、节能减排降耗、提升企业的经济效益具有重要意义。

（一）操作指标

1．压力控制

二氧化碳钢瓶压力：$\geqslant 0.5$ MPa；

吸收塔压差：$0 \sim 1.0$ kPa；

解吸塔压差：$0 \sim 1.0$ kPa。

2．流量控制

吸收剂流量：$200 \sim 400$ L/h；

解吸剂流量：$200 \sim 400$ L/h；

解吸气流量：$4.0 \sim 10.0$ m^3/h；

CO_2 气体流量：$4.0 \sim 10.0$ L/min。

3．温度控制

吸收塔进、出口温度：室温；

解吸塔进、出口温度：室温；

各电机温升：$\leqslant 65$ ℃。

4．液位控制

吸收液储槽液位：$200 \sim 300$ mm；

解吸液储槽液位：$1/3 \sim 3/4$。

（二）控制方法

吸收剂（解吸液）流量控制见图 4-17。

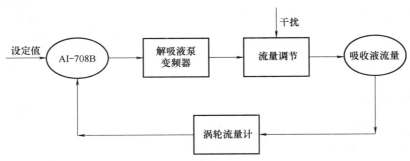

图 4-17　吸收剂流量控制方块图

吸收液储槽液位控制见图4-18。

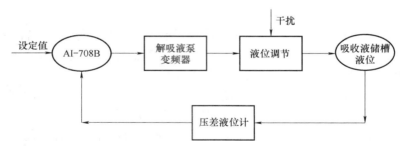

图4-18 吸收液储槽液位控制方块图

惰性气体流量控制见图4-19。

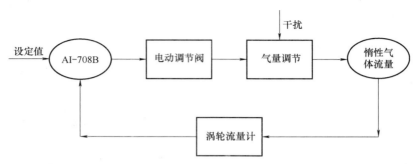

图4-19 惰性气体流量控制方块图

三、物料、能耗指标

本实训装置的物质消耗为：二氧化碳、吸收剂（水）。

本实训装置的能量消耗为：吸收液泵、解吸液泵和旋涡气泵耗电。

表4-8 吸收-解吸装置物耗、能耗一览表

名　称	耗　　量	名　称	耗　　量	名　称	额 定 功 率
水	循环使用	二氧化碳	可调节	吸收液泵	250 W
				解吸液泵	250 W
				吸收气旋涡气泵	370 W
				解吸气旋涡气泵	370 W
总计	80 L	总计	600 L/min	总计	1.24 kW

四、操作步骤

（一）开车准备

（1）了解吸收和解吸传质过程的基本原理；

（2）了解填料塔的基本构造，熟悉工艺流程和主要设备；

（3）熟悉各取样点及温度、压力测量点与控制点的位置；

（4）熟悉用转子流量计、涡轮流量计测量流量的操作；

（5）检查公用工程（水、电）是否处于正常供应状态；

（6）设备通电，检查流程中各设备、仪表是否处于正常开车状态，动设备试车；

（7）了解本实训所用物系；

（8）检查吸收液储槽是否有足够的空间储存实训过程的吸收液；

（9）检查解吸液储槽中是否有足够的解吸液供实训使用；

（10）检查二氧化碳钢瓶的储量，看其是否有足够的二氧化碳供实训使用；

（11）检查流程中的各阀门是否处于正常开车状态：关闭阀门 VA101A/B、VA106、VA107、VA108、VA110、VA111、VA112、VA113、VA114、VA115、VA116，全开阀门 VA103、VA109、VA117、VA118；

（12）按照要求制定操作方案。

发现异常情况必须及时报告指导教师进行处理。

（二）冷态开车

（1）确认阀门 VA111 处于关闭状态，启动解吸液泵 P201，逐渐打开阀门 VA111，吸收剂（解吸液）通过涡轮流量计 FIC03 从顶部进入吸收塔。

（2）将吸收剂流量设定为规定值（200～400 L/h），观察涡轮流量计 FIC03 和解吸液入口压力 PI03 的显示。

（3）当吸收塔塔釜液位 LI01 达到规定值时，启动吸收气旋涡气泵 P102，将空气流量设定为规定值（1.4～1.8 m³/h），使转子流量计显示的空气流量达到此值。

（4）观察吸收液储槽液位 LIC03，待其大于规定的液位高度（200～300 mm）后，启动解吸气旋涡气泵 P202，将空气流量设定为规定值（4.0～18.0 m³/h），调节空气流量 FIC01 到此规定值（若长时间无法达到规定值，可适当减小阀门 VA118 的开度）。（注：新装置首次开车时，解吸塔要先通入液体润湿填料，再通入惰性气体）

（5）确认阀门 VA112 处于关闭状态，启动吸收液泵 P101，观察泵出口压力 PI02（如 PI02 没有示值，关泵并及时报告指导教师进行处理），打开阀门 VA112，吸收液通过涡轮流量计 FI04 从顶部进入解吸塔，通过解吸液泵变频器调节解吸液流量，直至 LIC03 保持稳定，观察涡轮流量计 FI04 的示值。

（6）观察空气由底部进入解吸塔和解吸塔后塔内的气液接触情况，空气入口温度由 TI05 显示。

（7）将阀门 VA118 逐渐关小至半开，观察空气流量 FIC01 的示值。待气液两相被引入吸收塔后，开始正常操作。

（三）正常操作

（1）打开二氧化碳钢瓶总阀门，调节二氧化碳流量到规定值，打开二氧化碳减压阀保温电源。

（2）将二氧化碳和空气混合制成实训用混合气从底部送入吸收塔。

（3）注意观察二氧化碳流量的变化情况，及时调整到规定值。

（4）操作稳定 20 分钟后，分析吸收塔顶放空气体（AI03）、解吸塔顶放空气体（AI04）。

（5）气体在线分析方法：二氧化碳传感器检测吸收塔顶放空气体（AI03）、解吸塔顶放空气体（AI04）中二氧化碳的体积浓度，将采集到的信号传输到显示仪表，在显示仪表 AI03 和 AI04 上读取数据。

在操作过程中，可以改变一个操作条件，也可以同时改变几个操作条件。需要注意的是，每次改变操作条件必须及时记录实训数据，操作稳定后及时取样分析和记录。在操作过程中发现异常情况必须及时报告指导教师进行处理。

（四）正常停车

（1）关闭二氧化碳钢瓶总阀门，关闭二氧化碳减压阀保温电源；
（2）10 分钟后关闭吸收液泵 P101 的电源，关闭吸收气旋涡气泵 P102 的电源；
（3）待吸收液流量变为零后，关闭解吸液泵 P201 的电源；
（4）5 分钟后关闭解吸气旋涡气泵 P202 的电源；
（5）关闭总电源。

五、安全生产技术

（一）生产事故及处理预案

1. 吸收塔出口气体二氧化碳含量增加

造成吸收塔出口气体二氧化碳含量增加的原因主要有入口混合气二氧化碳含量增加、混合气流量增大、吸收剂流量减小、吸收贫液二氧化碳含量增加和塔的性能变化（填料堵塞、气液分布不均匀等）。

处理措施如下。

（1）检查二氧化碳的流量，如发生变化，调回原值。
（2）检查入吸收塔空气的流量 FIC02，如发生变化，调回原值。
（3）检查入吸收塔吸收剂的流量 FI04，如发生变化，调回原值。
（4）打开阀门 VA112，取样分析吸收贫液中的二氧化碳含量，如二氧化碳含量增加，增大解吸塔空气流量 FIC01。
（5）如上述过程未发现异常，在吸收塔不发生液泛的前提下，增大吸收剂流量 FI04，增大解吸塔空气流量 FIC01，使吸收塔出口气体二氧化碳含量回到原值，同时向指导教师报告，并观察吸收塔内的气液流动情况，查找塔的性能恶化的原因。

待操作稳定后记录实验数据，继续进行其他实验。

2. 解吸塔出口吸收贫液二氧化碳含量增加

造成解吸塔出口吸收贫液二氧化碳含量增加的原因主要有解吸空气流量不够、塔的性能变化（填料堵塞、气液分布不均匀等）。

处理措施如下。

（1）检查入解吸塔空气的流量 FIC01，如发生变化，调回原值。
（2）检查解吸塔塔底的液封，如液封被破坏要恢复，或增加液封高度，防止解吸空气泄漏。
（3）如上述过程未发现异常，在解吸塔不发生液泛的前提下，增大解吸塔空气流量 FIC01，使解吸塔出口吸收贫液二氧化碳含量回到原值，同时向指导教师报告，并观察塔内气液两相的流动状况，查找塔的性能恶化的原因。

待操作稳定后记录实验数据，继续进行其他实验。

（二）工业卫生和劳动保护

进入化工单元实训基地必须穿戴劳动防护用品，在指定区域正确戴上安全帽，穿上安全鞋，在任何作业过程中佩戴安全防护眼镜和合适的防护手套。无关人员未经允许不得进入实训基地。

1. 用电安全

（1）进行实训之前必须了解室内总电源开关与分电源开关的位置，以便发生用电事故时及时切断电源；

（2）在打开仪表柜电源前，必须弄清楚每个开关的作用；

（3）启动电机前先盘车，通电后立即查看电机是否启动，若启动异常，应立即断电，避免电机烧毁；

（4）在实训过程中，如果发生停电情况，必须切断电闸，以防操作人员离开现场后，因突然供电而导致电器设备在无人看管下运行；

（5）不要打开仪表控制柜的后盖和强电桥架盖，电器出现故障时应请专业人员进行电器的维修。

2. 高压钢瓶的安全知识

本实训装置要使用高压二氧化碳钢瓶。

（1）使用高压钢瓶的主要危险是钢瓶可能爆炸和漏气。若钢瓶受日光直晒或靠近热源，瓶内气体受热膨胀，以致压力超过钢瓶的耐压力度，容易发生爆炸。

（2）搬运钢瓶时，钢瓶上要有钢瓶帽和橡胶安全圈，并严防钢瓶倒地或受到撞击，以免发生意外爆炸事故。钢瓶使用时必须牢靠地固定在架子上、墙上或实训台旁。

（3）绝不可使油或其他易燃性有机物黏附在钢瓶上（特别是出口和气压表处）；也不可用麻、棉等物堵漏，以防燃烧引起事故。

（4）使用钢瓶时一定要用气压表，而且各种气压表一般不能混用。一般可燃性气体钢瓶的气门螺纹是反扣的（如 H_2、C_2H_2），不燃性或助燃性气体钢瓶的气门螺纹是正扣的（如 N_2、O_2）。

（5）使用钢瓶时必须连接减压阀或高压调节阀，不经这些部件让系统直接与钢瓶连接是十分危险的。

（6）开启钢瓶阀门及调压时，人不要站在气体出口的前方，头不要在瓶口之上，而应在瓶的侧面，以防钢瓶的总阀门或气压表被冲出伤人。

（7）当钢瓶使用到瓶内压力为 0.5 MPa 时，应停止使用。压力过低会给充气带来不安全因素，当瓶内压力与外界压力相同时，会使空气进入。

3. 使用梯子

不能使用有缺陷的梯子，登梯前必须确保梯子支撑稳固，上下梯子应面向梯子并且双手扶梯，一人登梯时要有同伴护稳梯子。

4．环保

不得随意丢弃化学品，不得随意乱扔垃圾，应避免水、能源和其他资源的浪费，保持实训基地的环境卫生。本实训装置无"三废"产生。在实训过程中，要注意不能发生物料的跑、冒、滴、漏。

5．行为规范

（1）不准吸烟；

（2）使用楼梯时应用手扶着栏杆；

（3）保持实训环境整洁；

（4）不准从高处乱扔杂物；

（5）不准随意坐在灭火器箱、地板和教室外的凳子上；

（6）非紧急情况不得随意使用消防器材（训练除外）；

（7）不得倚靠在实训装置上；

（8）在实训基地、教室里不得打骂和嬉闹；

（9）使用后的清洁用具按规定放置整齐。

◆ 任务计划与实施

表 4-9　工作任务计划与实施表

专业		班级		姓名		学号	
组别		任务名称	吸收-解吸实际操作		参考学时		8
任务描述	吸收-解吸装置的冷态开车、正常操作与正常停车						
任务计划及实施过程							

任务评价

表 4-10　工作任务评价单

班级		姓名		学号		成绩	
组别		任务名称	吸收-解吸实际操作		参考学时		8
序号	评价内容		分数	自评分	互评分	组长或教师评分	
1	课前准备（课前预习情况）		5				
2	知识链接（完成情况）		25				
3	任务计划与实施		35				
4	实训效果		30				
5	遵守课堂纪律		5				
总分			100				
综合评价（自评分×20%+互评分×40%+组长或教师评分×40%）							
组长签字：			教师签字：				

思 考 题

1. 为什么高压、低温对吸收过程有利？

2. 如果吸收塔进料气体温度突然升高，会导致什么现象？

3. 如果吸收塔的塔顶压力上升，如何调节至正常？

4. 吸收操作是在高压、低温的条件下进行的，为什么这样的操作条件对吸收过程的进行有利？

5. 仿真操作时若发现富油无法进入解吸塔，会是哪些原因导致的？应如何调整？

6. 假如本项目的仿真操作已经平稳，这时吸收塔的进料富气温度突然升高，分析这会导致什么现象？如果造成系统不稳定，吸收塔的塔顶压力上升（塔顶 C4 增加），有几种手段可以将系统调节至正常？

7. C6 油贮罐的进料阀为手操阀，有没有必要在此设一个调节阀，使进料操作自动化？为什么？

萃 取 操 作

知识与技能目标

1. 掌握萃取的基本理论与基本概念;
2. 理解萃取的原理及过程;
3. 熟悉萃取设备的结构;
4. 熟悉萃取装置的流程及仪表;
5. 掌握萃取装置的操作技能;
6. 掌握萃取操作过程中常见异常现象的判别及处理方法。

任务一 认识萃取

◆ 任务导入

漂洗衣物的过程大家都不陌生,那么漂洗衣物的过程实质是什么呢?

◆ 任务分析

漂洗衣物的过程实质就是萃取过程。其中清水为萃取操作的溶剂(萃取剂),衣物和皂沫混合在一起,皂沫为需要萃取出来的溶质。每漂洗一次,一部分皂沫从衣物中转移到水中,衣物揉搓的时间越长,拧得越干,所需漂洗的次数越少,清洗得越干净。漂洗衣物的过程如图 5-1 所示。

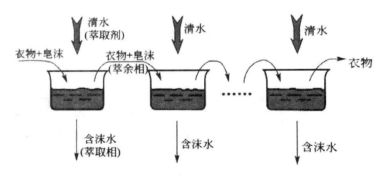

图 5-1 漂洗衣物的过程示意

◆ 知识链接

对液体混合物进行分离，除蒸馏方法外，还可采用萃取方法，即向液体混合物（原料液）中加入一种与其不混溶的液体作为溶剂，形成第二相，利用原料液中的各组分在两个液相中的溶解度不同而使原料混合物得以分离。

液-液萃取亦称溶剂萃取，简称萃取或抽提。选用的溶剂称为萃取剂，以 S 表示；原料液中易溶于 S 的组分称为溶质，以 A 表示；难溶于 S 的组分称为原溶剂（或稀释剂），以 B 表示。

如果在萃取过程中，萃取剂与原料液中的有关组分不发生化学反应，称之为物理萃取，反之称之为化学萃取。

一、萃取基本原理

萃取操作的基本过程如图 5-2 所示。将一定量的萃取剂加入原料液中，然后加以搅拌使原料液与萃取剂充分混合，溶质通过相界面由原料液向萃取剂中扩散，所以萃取操作与精馏、吸收等过程一样，也属于两相间的传质过程。搅拌停止后，两液相因密度不同而分层：一层以溶剂 S 为主，并溶有较多的溶质，称为萃取相，以 E 表示；另一层以原溶剂（稀释剂）B 为主，且含有未被萃取的溶质，称为萃余相，以 R 表示。若溶剂 S 和 B 为部分互溶，则萃取相中含有少量的 B，萃余相中亦含有少量的 S。

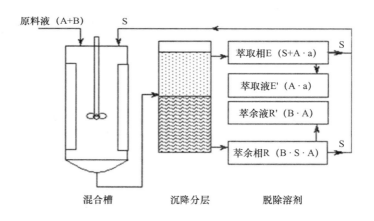

图 5-2 萃取操作的基本过程

由上可知，萃取操作得到的不是纯净的组分，而是新的混合液：萃取相 E 和萃余相 R。为了得到产品 A 并回收溶剂以循环使用，尚需对这两相分别进行分离。通常采用蒸馏或蒸发的方法，有时也采用结晶等方法。脱除溶剂后的萃取相和萃余相分别称为萃取液和萃余液，以 E'和 R'表示。对于一种液体混合物，究竟是采用蒸馏还是萃取的方法加以分离，主要取决于技术上的可行性和经济上的合理性。

一般在下列情况下采用萃取方法更为有利：

（1）原料液中各组分的沸点非常接近，即组分间的相对挥发度接近 1，若采用蒸馏方法很不经济；

（2）原料液在蒸馏时形成恒沸物，用普通蒸馏方法不能达到产品所需的纯度；

（3）原料液中需分离的组分含量很低且为难挥发组分，若采用蒸馏方法须将大量稀释剂汽化，能耗较大；

（4）原料液中需分离的组分是热敏性物质，蒸馏时易于分解、聚合或发生其他变化。

二、萃取基本理论

萃取过程与吸收、蒸馏一样，也是发生在相际的物质传递过程，被萃取组分在液液两相之间具有相平衡关系。

（一）三角形相图

萃取过程中涉及的物料至少有三种组分，即溶质 A、稀释剂 B 及萃取剂 S。若所选用的萃取剂 S 与稀释剂 B 基本不互溶，以致在操作范围内可忽略不计，则萃取相和萃余相中只含有两个组分，其平衡关系类似于吸收操作中的气液平衡关系，可在直角坐标系中标绘。若萃取剂与稀释剂部分互溶，则萃取相与萃余相中都含有三种组分。此时被萃取组分在两相间的平衡关系通常采用三角形坐标标绘，即得到三角形相图。

图 5-3 所示的喷洒式萃取塔是一种典型的微分接触式萃取设备。原料液与溶剂中密度较大者（重相）自塔顶加入，密度较小者（轻相）自塔底加入。两相中有一相经分布器分散成液滴，另一相保持连续。液滴在浮升或沉降过程中与连续相呈逆流接触进行物质传递，最后轻、重两相分别从塔顶与塔底排出。

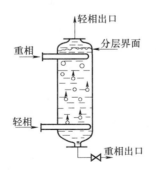

图 5-3　喷洒式萃取塔

在双组分溶液的萃取分离中，萃取相及萃余相一般均为三组分溶液。各组分的组成均以质量分数表示，为确定某溶液的组成必须规定其中两种组分的质量分数，第三种组分的质量分数可由归一条件确定。这样，三组分溶液的组成须用平面坐标上的一点（如图 5-4 中的 R 点）表示，R 点的纵坐标为溶质 A 的质量分数 x_A，横坐标为溶剂 S 的质量分数 x_S。因三种组分的质量分数之和为 1，故在图 5-4 所示的三角形范围内可表示任何三元溶液的组成。三角形的三个顶点分别表示三种纯组分，三条边上的任何一点表示相应的双组分溶液。

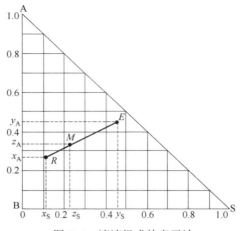

图 5-4　溶液组成的表示法

（二）物料衡算与杠杆定律

设有组成为 x_A、x_B、x_S（R 点）的溶液 R kg 及组成为 y_A、y_B、y_S（E 点）的溶液 E kg，将两溶液混合，混合物总量为 M kg，组成为 z_A、z_B、z_S，此组成可用图 5-4 中的 M 点表示。可列总物料衡算式及组分 A、组分 S 的物料衡算式：

$$\left.\begin{array}{l} M = R + S \\ Mz_A = Rx_A + Ey_A \\ Mz_S = Rx_S + Ey_S \end{array}\right\} \tag{5-1}$$

由此可以导出

$$\frac{E}{R} = \frac{z_A - x_A}{y_A - z_A} = \frac{z_S - x_S}{y_S - z_S} \tag{5-2}$$

式（5-2）表明，表示混合液组成的 M 点的位置必在 R 点与 E 点的连线上，且线段 $\overline{RM}$ 与 $\overline{ME}$ 之比与混合前两溶液的质量成反比，即

$$\frac{E}{R} = \frac{\overline{RM}}{\overline{EM}} \tag{5-3}$$

式（5-3）为物料衡算的简洁表示方法，称为杠杆定律。根据杠杆定律，可较方便地在图上定出 M 点的位置，从而确定混合液的组成。须指出，即使两溶液不互溶，M 点（z_A、z_B、z_S）仍可代表该两相混合物的总组成。

（三）溶解度曲线和平衡连接线

在采用萃取操作分离混合物时，常按溶质 A、稀释剂 B、萃取剂 S 组成的三元混合液中各组分互溶度的不同将三元混合液分为以下几种类型：

（1）溶质 A 与稀释剂 B、萃取剂 S 完全互溶，但 B 与 S 不互溶；

（2）溶质 A 与稀释剂 B、萃取剂 S 完全互溶，B 与 S 部分互溶；

（3）溶质 A 与稀释剂 B 完全互溶，A 与 S 部分互溶，B 与 S 也部分互溶。

其中以第二种类型较为常见。

图 5-5 所示的曲线 $R_1R_2RR_3E_3EE_2E_1$ 为第二类物系的溶解度曲线，曲线上的每一点都为均

相点，是由 A、B、S 三种组分组成的混合液的分层点（或混溶点）。曲线将三角形相图分成两个区，曲线与底边 R_1E_1 所围成的区域为两相区或分层区，两相区是萃取过程的可操作范围，即三元混合液在此区域内可分为两个液层，曲线外的区域为均相区（单相区），若三元混合液的组成点在此区域内，则混合液为均一的液相。

利用溶解度曲线和平衡连接线，可以方便地确定溶质 A 在互成平衡的两液相中的组成关系。现取组分 B 与溶剂 S 的双组分溶液，其组成以图 5-5 中的 M_1 点表示，该溶液分为两层，组成分别为 E_1 和 R_1。

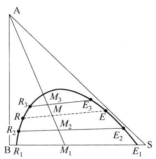

图 5-5　平衡连接线

向此混合液中滴加少量溶质 A，混合液的组成将沿连线 AM_1 移至点 M_2。充分摇动，使溶质 A 在两相中的组成达到平衡。静置分层后，取两相试样进行分析，其组成分别为 E_2、R_2。互成平衡的两相称为共轭相，E_2、R_2 的连线称为平衡连接线，M_2 点必在此平衡连接线上。

（四）分配曲线

平衡连接线的两个端点表示液液平衡时两相组成的关系。

组分 A 在两相中的平衡组成可用式（5-4）表示：

$$k_A = \frac{\text{萃取相中组分A的质量分数}}{\text{萃余相中组分A的质量分数}} = \frac{y_A}{x_A} \qquad (5-4)$$

式中 k_A 称为组分 A 的分配系数。同样，对组分 B 也可列出类似的表达式：

$$k_B = \frac{y_B}{x_B}$$

式中 k_B 称为组分 B 的分配系数。分配系数一般不是常数，其值随组成和温度而异。

类似于气（汽）液相平衡，可将组分 A 在液液平衡两相中的组成 y_A、x_A 之间的关系在直角坐标系中表示，如图 5-6 所示，该曲线称为分配曲线。分配曲线可用某种函数表示，即

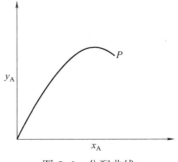

图 5-6　分配曲线

$$y_A = f(x_A) \tag{5-5}$$

此即为组分 A 的相平衡方程。由于实验困难,直接获得平衡两相的组成实验点数目有限,分配曲线是离散的。可采用各种内插方法求得指定 y_A 的平衡组成 x_A。也可将离散的实验点处理成光滑的分配曲线,或拟合成式（5-5）,供计算时内插用。

三、萃取设备

用于实现液-液两相间物质传递的设备统称为萃取设备。为实现萃取过程中两液相间的质量传递,要求萃取设备能使两相充分接触并伴有较高程度的湍动,从而获得较大的传质速率,同时当两相充分混合后,还能使两相有效地分离。

萃取设备的种类有许多,萃取塔是萃取操作的重要设备,目前工业上采用的塔设备形式很多,各有优缺点。根据萃取操作的特点,要求萃取塔应能提供两液相充分接触的条件,使两相之间具有很大的接触面积,这种界面通常是使一种液相分散于另一种液相中形成的。分散成液滴状的液相称为分散相,另一种连续的液相称为连续相。显然,分散相的液滴越小,两相的接触面积越大,传质越快。因此萃取塔内装有喷嘴、筛孔板、填料或机械搅拌装置等。为保证两相混合后能有效地分离,塔顶和塔底应有足够的分离段。

（一）填料萃取塔

填料萃取塔与气液传质所用的填料塔类似,为了使某一液相能更好地分散于另一液相中,入口装置中的两相入口导管均伸入塔内,并且管上开有小孔,以使液体分散成小液滴。

如图 5-7 所示,塔内可装拉西环、鲍尔环、鞍形填料及其他各种新型填料。填料层通常用栅板或多孔板支承。为防止沟流现象,填料尺寸应小于塔径的1/8。为使液滴顺利地直接进入填料层,将轻相入口处的喷洒装置装在填料支承的上部,一般距支承板 25～50 mm。

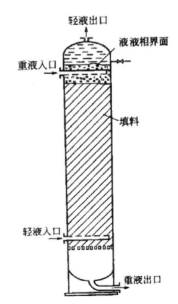

图 5-7 填料萃取塔（轻相为分散相）

填料塔选用的填料应容易为连续相所润湿。一般陶瓷填料易被水所润湿,石墨或塑料填料易被有机溶液所润湿,水溶液与有机溶液对金属填料的润湿性能差异不大。填料除可使分散相的液滴不断破裂与再生,以使液滴的表面不断更新外,还可以减少连续相的纵向返混。

填料萃取塔结构简单,造价低廉,操作方便,特别适用于腐蚀性物料。尽管其级效率较低,在工业上仍有一定的应用。一般在工艺要求的理论级少于 3、处理量较小时,可考虑选用填料萃取塔。

（二）筛板萃取塔

筛板萃取塔是逐级接触式萃取设备，依靠两相的密度差，在重力作用下使两相在塔内分散和逆流流动，在每块塔板两侧错流接触，其结构类似于气液传质设备筛板塔。

如图 5-8 所示，塔内有若干层开有小孔的筛板。以轻液为分散相时，轻液自下而上穿过板上的筛孔分散成液滴，在筛板上与连续相接触后分层凝聚，并积聚于上一层筛板的下面，然后借助压力的推动再经筛板分散，最后由塔顶流出。重液连续地由塔上部进入，经降液管流至下层塔板，如此反复，最后由塔底排出。以重液为分散相时，则应将降液管改为升液管，如图 5-9 所示，此时连续相（轻液）在塔板上部的空间横向流动，经升液管进入上一层塔板。

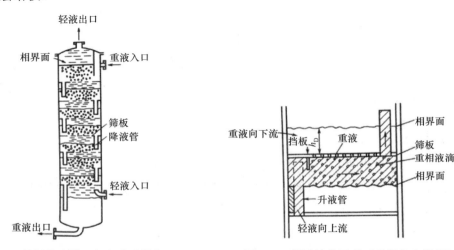

图 5-8　筛板萃取塔（轻相为分散相）　　　图 5-9　筛板结构示意（重相为分散相）

因为塔内安装了多层筛板，连续相的轴向混合被限制在板与板之间，而分散相在每一块板上多次分散和凝聚，从而有利于液液相间的传质。且由于塔板的限制，也减轻了塔内轴向返混的影响。

筛板塔结构简单，造价低廉，尽管级效率较低，在萃取工业中仍得到广泛应用，对所需理论级数少、处理量较大且物料具有腐蚀性的萃取过程较为适宜。

（三）转盘萃取塔

转盘萃取塔的结构特征是塔内壁按一定距离设置若干固定环，固定环在一定程度上起到抑制轴向混合的作用，在旋转的固定轴上按同样的距离安装许多圆形转盘，如图 5-10 所示。

为便于安装，转盘的直径比固定环的内孔直径稍小些，固定环使塔内形成许多分隔区间，在每一个区间内有一个转盘对液体进行搅拌。操作时转盘随中心轴旋转，转盘旋转在液体中产生剪应力，剪应力使连续相产生涡流，处于湍动状态，使分散相破裂而形成许多小液滴，从而增大了相际接触面积。

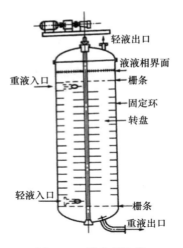

图 5-10 转盘萃取塔

转盘萃取塔结构简单，维修方便，操作弹性和通量较大，传质效率高，在石油化学工业中得到广泛应用。另外，该塔还可以作为化学反应器。由于转盘萃取塔在操作中很少发生堵塞，因此适于处理含固体的物料。

（四）往复振动筛板塔

往复振动筛板塔的结构特点是将多层筛板按一定的板间距固定在中心轴上，如图 5-11 所示。塔内无溢流装置，且塔板不与塔体相连。中心轴由装在塔顶的传动机械驱动往复运动，振幅一般为 3～50 mm，往复速度可达 1 000 r/min。当筛板向上运动时，筛板上侧的液体经筛孔向下喷射；当筛板向下运动时，筛板下侧的液体经筛孔向上喷射。由于机械搅拌作用，可大幅增大相际接触面积及湍动程度。为防止液体沿筛板与塔壁间的缝隙短路流过，塔内每隔几块筛板应放置一块环形挡板。

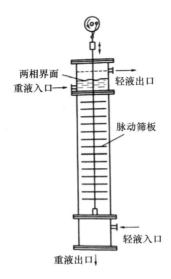

图 5-11 往复振动筛板塔

往复振动筛板塔操作方便，结构可靠，传质效率高，是一种性能较好的萃取设备。但由于机械方面的原因，这种塔的直径受到一定限制，目前还不能满足大型化工生产的需要。

（五）脉冲筛板萃取塔

脉冲筛板萃取塔借助外力作用使液体在塔内产生脉冲运动。前述的筛板塔和填料塔均可在塔内装上脉冲发生器以改善两相接触状况，增强界面湍动程度，强化传质过程，图 5-12 所示即为脉冲筛板萃取塔。

其脉冲的产生大都依靠塔底的机械脉冲发生器（脉冲泵），少数采用压缩空气来实现。常直接将产生脉冲的往复泵连接在轻液入口以实现脉冲的输入，如图 5-12（a）所示；或如图 5-12（b）所示，往复泵产生的脉冲通过隔膜输入塔内。

脉冲筛板萃取塔的效率与脉冲的振幅和频率有密切关系，若脉动过分激烈，会导致严重的轴向返混，传质效率反而降低。脉冲筛板萃取塔具有很高的传质效率，但由于允许通过能力较小，在化工生产中的应用受到一定限制。

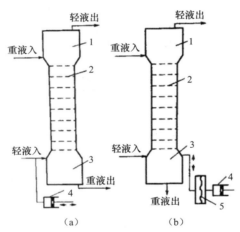

图 5-12　脉冲筛板萃取塔
（a）脉冲加料　（b）以隔膜传递脉冲
1—塔顶分层段；2—无溢流筛板；3—塔底分层段；4—脉冲发生器；5—隔膜

四、工业萃取工艺流程

由于萃取相和萃余相中均存在三种组分，萃取操作并未完成最终分离任务，萃取相必须进一步分离成溶剂和增浓了的 A、B 的混合物，萃余相中所含的少量溶剂也必须通过分离加以回收。在工业生产中，这两个后续的分离通常是通过精馏实现的。

现以稀醋酸水溶液的分离为例说明工业萃取过程。

由石油馏分氧化所得的稀醋酸水溶液需提浓以制取无水醋酸，此过程可采用如图 5-13 所示的流程通过萃取及恒沸精馏的方法完成。

稀醋酸连续加入萃取塔顶，作为萃取溶剂的醋酸乙酯自塔底加入进行逆流萃取，离开塔顶的萃取相为醋酸乙酯与醋酸的混合物，其中也含有少量溶于溶剂的水。为取出萃取相中的醋酸，可采用恒沸精馏。利用萃取相中的醋酸乙酯与水形成非均相恒沸物这一特点，在恒沸精馏塔中水被醋酸乙酯带至塔顶，塔底可获得无水醋酸。塔顶蒸出的恒沸物经冷凝后分层，上层酯相一部分作为回流，另一部分可作为萃取溶剂循环使用。离开萃取塔底的萃余相主要是水，其中溶有少量溶剂，恒沸精馏塔顶分层器的水层中也溶有少量溶剂，可将两者汇合一并加入提馏塔，以回收其中所含的溶剂。在提馏塔内，溶剂与水的恒沸物从塔顶蒸出，废水从塔底排出。

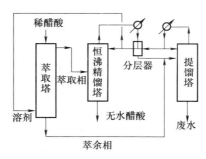

图 5-13　工业萃取提浓醋酸工艺流程

◈ 任务计划与实施

表 5-1　工作任务计划与实施表

专业		班级		姓名		学号	
组别		任务名称	认识萃取		参考学时		4
任务描述	1. 阐述萃取过程的基本概念及原理； 2. 对照稀醋酸提浓的工艺流程说明工业萃取生产过程						
任务计划及实施过程							

⬥ 任务评价

表 5-2　工作任务评价单

班级		姓名		学号		成绩	
组别		任务名称		认识萃取		参考学时	4
序号	评价内容		分数	自评分	互评分	组长或教师评分	
1	课前准备（课前预习情况）		5				
2	知识链接（完成情况）		25				
3	任务计划与实施		35				
4	学习效果		30				
5	遵守课堂纪律		5				
总分			100				
综合评价（自评分×20%+互评分×40%+组长或教师评分×40%）							
组长签字：				教师签字：			

任务二　萃取仿真操作

⬥ 任务导入

正确进行萃取仿真操作，合理控制各工艺参数，完成本实训操作。

⬥ 任务分析

要完成相应的项目任务，应熟悉项目的工艺流程和操作界面，了解系统的 DCS 控制方案，掌握控制系统的操作方法，能够对不同的控制系统、阀门进行正确操作；必须熟悉萃取过程的工艺流程、工艺原理、工艺参数、操作步骤、设备控制及安全操作等，能够独立完成萃取过程的冷态开车、正常操作、正常停车的仿真操作，并能对操作过程中出现的故障进行分析及处理。

⬥ 知识链接

一、工艺流程

（一）主要设备

萃取仿真操作过程中的主要设备如表 5-3 所示。

表 5-3　主要设备

设 备 位 号	名　　称	设 备 位 号	名　　称
P425A/B	进水泵	E415	冷却器
P412A/B	溶剂进料泵	C421	萃取塔
P413 A/B	主物流进料泵		

（二）仪表及阀门

萃取仿真操作过程中的显示仪表如表 5-4 所示。

表 5-4 显示仪表

位　号	显　示　变　量	正　常　值	单　位
TI4020	主物料出口温度	35	℃
TI4021	C421 塔顶温度	35	℃
PI4012	C421 塔顶压力	101.3	kPa
FI4031	主物料出口流量	21 293.8	kg/h

萃取仿真操作过程中的调节阀如表 5-5 所示。

表 5-5 调节阀

位　号	所控调节阀/显示变量	正　常　值	单　位	正 常 工 况
FIC4020	FV4020	21 126.6	kg/h	自动
FIC4021	FV4021	2 112.7	kg/h	串级
FIC4022	FV4022	1 868.4	kg/h	自动
FIC4041	FV4041	20 000	kg/h	串级
FIC4061	FV4061	77.1	kg/h	自动
LIC4009	萃取剂相液位	50	%	自动
TIC4014	冷物料出 E415 温度	30	℃	自动

萃取仿真操作过程中的现场阀如表 5-6 所示。

表 5-6 现场阀

位　号	名　称	位　号	名　称
V4001	FCW 的入口阀	V4109	调节阀 FV4019 的前阀
V4002	水的入口阀	V4110	调节阀 FV4019 的后阀
V4003	调节阀 FV4020 的旁通阀	V4111	调节阀 FV4022 的前阀
V4004	C421 的泻液阀	V4112	调节阀 FV4022 的后阀
V4005	调节阀 FV4021 的旁通阀	V4113	调节阀 FV4061 的前阀
V4007	调节阀 FV4022 的旁通阀	V4114	调节阀 FV4061 的后阀
V4009	调节阀 FV4061 的旁通阀	V4115	泵 P425A/B 的前阀
V4101	泵 P412A 的前阀	V4116	泵 P425A/B 的后阀
V4102	泵 P412A 的后阀	V4117	泵 P412B 的前阀
V4103	调节阀 FV4021 的前阀	V4118	泵 P412B 的后阀
V4104	调节阀 FV4021 的后阀	V4119	泵 P412B 的开关阀
V4105	调节阀 FV4020 的前阀	V4123	泵 P425A/B 的开关阀
V4106	调节阀 FV4020 的后阀	V4124	泵 P412A 的开关阀
V4107	泵 P413A/B 的前阀	V4125	泵 P413A/B 的开关阀
V4108	泵 P413A/B 的后阀		

（三）工艺说明

本装置采用萃取剂（水）来萃取丙烯酸丁酯生产过程中的催化剂（对甲苯磺酸）。催化剂萃取控制单元带控制点的工艺流程图如图 5-14 所示。萃取过程中用到的物质如表 5-7 所示。

表 5-7 萃取过程中用到的物质

序　号	组　分	名　称	分子式
1	H_2O	水	H_2O
2	BuOH	丁醇	$C_4H_{10}O$
3	AA	丙烯酸	$C_3H_4O_2$
4	BA	丙烯酸丁酯	$C_7H_{12}O_2$

续表

序　号	组　分	名　称	分 子 式
5	D-AA	3-丙烯酰氧基丙酸	$C_6H_8O_4$
6	FUR	呋喃甲醛	$C_5H_4O_2$
7	PTSA	对甲苯磺酸	$C_7H_8O_3S$

　　具体工艺如下：将自来水（FCW）通过阀 V4001 或者通过泵 P425A/B 及阀 V4002 送进萃取塔 C421，当液位调节器 LIC4009 示值为 50%时，关闭阀 V4001 或者泵 P425A/B 及阀 V4002；开启泵 P413A/B 将含有产品和催化剂的 R412B 的流出物料经 E415 冷却后送入萃取塔 C421 的底部；开启泵 P412A/B，将来自 D411 的作为溶剂的水从顶部加入。P413A/B 的流量由 FIC4020 控制在 21 126.6 kg/h；P412A/B 的流量由 FIC4021 控制在 2 112.7 kg/h；萃取后的丙烯酸丁酯主物流从塔顶排出，进入塔 C422；塔底排出的水相中含有大部分催化剂及未反应的丙烯酸，一路返回反应器 R411 循环使用，一路去重组分分解器 R460 作为分解用的催化剂。

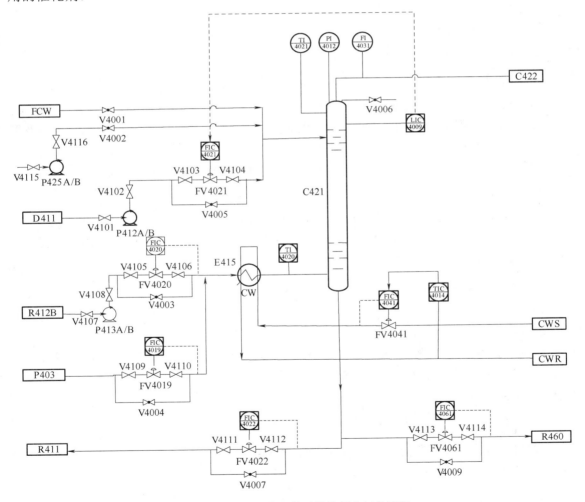

图 5-14　催化剂萃取单元带控制点工艺流程

二、仿真操作规程

（一）冷态开车

进料前确认所有调节器处于手动状态，调节阀和现场阀均处于关闭状态，机泵处于关停状态。

1．灌水

（1）（当 D425 的液位 LIC4016 达到 50%时）全开泵 P425A/B 的前、后阀 V4115 和 V4116，启动泵 P425A/B；

（2）打开手阀 V4002，使其开度为 50%，对萃取塔 C421 进行灌水；

（3）当 C421 的界面液位 LIC4009 的示值接近 50%时，关闭阀门 V4002；

（4）依次关闭泵 P425A/B 的后阀 V4116、开关阀 V4123、前阀 V4115。

2．启动换热器

开启调节阀 FV4041，使其开度为 50%，向换热器 E415 通冷物料。

3．引反应液

（1）依次开启泵 P413A/B 的前阀 V4107、开关阀 V4125、后阀 V4108，启动泵 P413A/B；

（2）全开调节器 FIC4020 的前、后阀 V4105 和 V4106，开启调节阀 FV4020，使其开度为 50%，将 R412B 出口的物料经换热器 E415 送至 C421；

（3）将 TIC4014 投自动，设为 30 ℃，并将 FIC4041 投串级。

4．引溶剂

（1）打开泵 P412A/B 的前阀 V4101、开关阀 V4124、后阀 V4102，启动泵 P412A/B；

（2）全开调节器 FIC4021 的前、后阀 V4103 和 V4104，开启调节阀 FV4021，使其开度为 50%，将 D411 出口的物料送至 C421。

5．引 C421 的萃取液

（1）全开调节器 FIC4022 的前、后阀 V4111 和 V4112，开启调节阀 FV4022，使其开度为 50%，将 C421 塔底的部分液体送回 R411 中；

（2）全开调节器 FIC4061 的前、后阀 V4113 和 V4114，开启调节阀 FV4061，使其开度为 50%，将 C421 塔底的另外一部分液体送至重组分分解器 R460 中。

6．调至平衡

（1）L!C4009 的示值达到 50%时，投自动；

（2）FIC4021 的流量达到 2 112.7 kg/h 时，投串级；

（3）FIC4020 的流量达到 21 126.6 kg/h 时，投自动；

（4）FIC4022 的流量达到 1 868.4 kg/h 时，投自动；

（5）FIC4061 的流量达到 77.1 kg/h 时，投自动。

（二）正常操作

熟悉工艺流程，维持各工艺参数稳定；密切注意各工艺参数的变化情况，发现突发事故应先分析事故原因，然后正确处理。

（三）正常停车

1．停主物料进料

（1）关闭调节阀 FV4020 的前、后阀 V4105 和 V4106，将 FV4020 的开度调为 0。

（2）关闭泵 P413A/B 的后阀 V4108、开关阀 V4125、前阀 V4107。

2．进自来水

（1）打开进水阀 V4001，使其开度为 50%；

（2）当罐内物料中 BA 的含量低于 0.9%时，关闭 V4001。

2．停萃取剂

（1）将控制阀 FV4021 的开度调为 0，关闭其前、后阀 V4103 和 V4104；

（2）关闭泵 P412A/B 的后阀 V4102、开关阀 V4124、前阀 V4101。

3．萃取塔 C421 泄液

（1）打开阀 V4007，使其开度为 50%，同时将 FV4022 的开度调为 100%；

（2）打开阀 V4009，使其开度为 50%，同时将 FV4061 的开度调为 100%；

（3）当 FIC4022 的示值小于 0.5 kg/h 时，关闭 V4007，将 FV4022 的开度调为 0，关闭其前、后阀 V4111 和 V4112，同时关闭 V4009，将 FV4061 的开度调为 0，关闭其前、后阀 V4113 和 V4114。

三、事故设置及处理

（一）泵 P412A 坏

1．事故现象

（1）泵 P412A 的出口压力急剧下降；

（2）FIC4021 的流量急剧减小。

2．处理方法

（1）停泵 P12A；

（2）换用泵 P412B。

（二）调节阀 FV4020 卡

1．事故现象

FIC4020 的流量不可调节。

2．处理方法

（1）打开旁通阀 V4003；

（2）关闭 FV4020 的前、后阀 V4105、V4106。

四、仿真界面

催化剂萃取控制 DCS 界面及现场界面分别如图 5-15、图 5-16 所示。

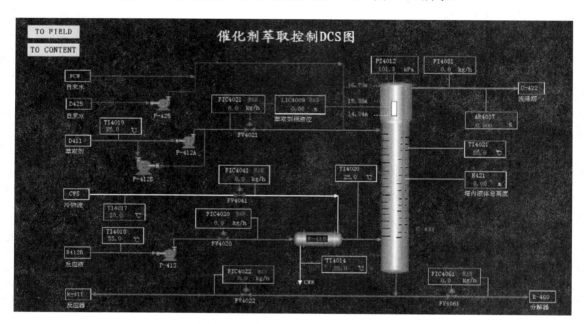

图 5-15　催化剂萃取控制 DCS 界面

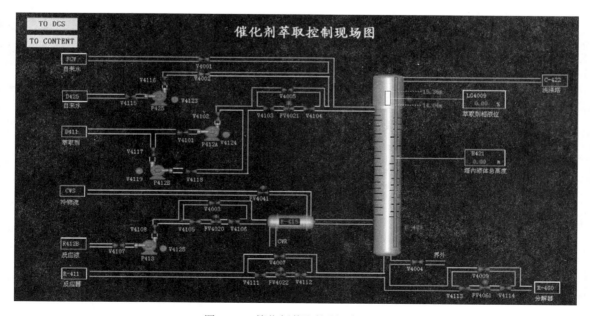

图 5-16　催化剂萃取控制现场界面

任务计划与实施

表 5-8　工作任务实施表

专业		班级		姓名		学号	
组别		任务名称	萃取仿真操作		参考学时		8
任务描述	1．阐述用水萃取丙烯酸丁酯生产过程中的催化剂（对甲苯磺酸）的工艺过程； 2．熟练完成萃取仿真操作的冷态开车、正常操作、正常停车、事故处理等操作过程						
任务计划及实施过程							

任务评价

表 5-9　工作任务评价单

班级		姓名		学号		成绩	
组别		任务名称	萃取仿真操作		参考学时		8
序号	评价内容		分数	自评分	互评分	组长或教师评分	
1	课前准备（课前预习情况）		5				
2	知识链接（完成情况）		25				
3	任务计划与实施		35				
4	学习效果		30				
5	遵守课堂纪律		5				
总分			100				
综合评价（自评分×20%+互评分×40%+组长或教师评分×40%）							
组长签字：　　　　　　　　　　　教师签字：							

任务三 萃取实际操作

◈ 任务导入

正确操作萃取设备，用水萃取煤油中的苯甲酸，完成二者的分离。

◈ 任务分析

要完成萃取实际操作任务，首先要熟悉流程中各阀门、仪表、设备的类型、使用方法及安全操作知识；其次要熟悉萃取装置的工艺流程和控制方式；最后能通过小组实训对萃取装置进行冷态开车、正常操作、正常停车的操作，并能对简单的故障进行分析和处理。

◈ 知识链接

一、萃取实训设备及工艺流程

（一）实训设备

萃取装置的主要设备见表 5-10。

表 5-10 萃取装置的主要设备

序 号	位 号	名 称	用 途	规 格
1	T101	萃取塔	完成萃取	DN100 mm，高 1 000 mm
2	V101	重相储罐	储存纯水	ϕ450 mm×800 mm，壁厚 1.5 mm
3	V102	萃取相储罐	储存废水	ϕ400 mm×600 mm，壁厚 1.5 mm
4	V103	轻相储罐	储存煤油	ϕ450 mm×800 mm，壁厚 1.5 mm
5	V104	萃余相储罐	储存煤油产品	ϕ400 mm×600 mm，壁厚 1.5 mm
6	V105	萃余分相罐	煤油除垢	玻璃，DN200 mm
7	V106	压缩空气缓冲罐	保持压力平稳	ϕ219 mm×300 mm，壁厚 2 mm
8	P101	重相泵	输送纯水	16CQ-8 磁力泵，380 V，360 W，扬程 8 m
9	P102	轻相泵	输送煤油	16CQ-8 磁力泵，380 V，360 W，扬程 8 m

（二）实训仪表

萃取装置的仪表见表 5-11。

表 5-11　萃取装置的仪表

序　号	位　号	仪表用途	仪表位置	规　格		执　行　器
				传　感　器	显　示　仪	
1	PI01	重相泵出口压力	现场		0.1 MPa 压力表	
2	PI02	轻相泵出口压力	现场		0.1 MPa 压力表	
3	PI03	压缩空气缓冲罐压力	现场		0.4 MPa 压力表	安全阀
4	TI01	重相进料温度	集中	K 型热电偶	宇电 AI-501D	
5	TI02	轻相进料温度	集中	K 型热电偶	宇电 AI-501D	
6	TI03	重相出料温度	集中	K 型热电偶	宇电 AI-501D	
7	TI04	轻相出料温度	集中	K 型热电偶	宇电 AI-501D	
8	LIC01	塔顶界面位置	集中	600 mm 煤油水界面计	宇电 AI-501B	常闭电磁阀
9	LI02	重相储罐液位	现场		玻璃管液位计	
10	LI03	萃取相储罐液位	现场		玻璃管液位计	
11	LI04	轻相储罐液位	现场		玻璃管液位计	
12	LI05	萃余相储罐液位	现场		玻璃管液位计	
13	FIC01	重相流量	集中	120 L/h 涡轮流量计	宇电 AI-708B	变频器
14	FIC02	轻相流量	集中	120 L/h 涡轮流量计	宇电 AI-708B	变频器

（三）工艺流程

本萃取过程是用水萃取煤油中的苯甲酸。

轻相（煤油相）：储存在轻相储罐（V103）中，经轻相泵（P102）做功，由萃取塔（T101）底部进入萃取塔，轻相与重相在萃取塔内逆流接触，从塔顶溢流进入萃余分相罐（V105）分离出其中的油污，然后溢流进入萃余相储罐（V104）。

重相（纯水相）：储存在重相储罐（V101）中，经重相泵（P101）做功，由萃取塔（T101）顶部进入萃取塔，重相与轻相在萃取塔内逆流接触，从塔底由常闭电磁阀控制排液进入萃取相储罐（V102）。萃取装置带有控制点的工艺流程见图 5-17。

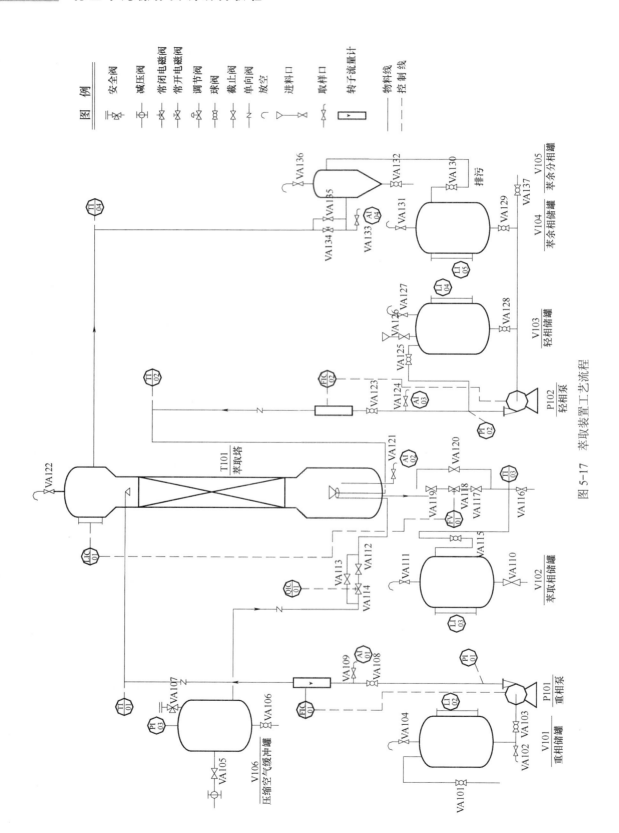

图 5-17 萃取装置工艺流程

二、生产控制

在化工生产中，对各工艺变量有一定的控制要求。有些工艺变量对产品的数量和质量起着决定性的作用。例如，萃取塔的进料量必须保持一定，才能得到合格的产品。有些工艺变量虽不直接影响产品的数量和质量，然而保持其平稳却是使生产获得良好控制的前提。例如，用压缩空气脉冲强化传质，在压缩空气波动剧烈的情况下，要把萃取过程控制好极为困难。

实现控制要求有两种方式，一是人工控制，二是自动控制。自动控制是在人工控制的基础上发展起来的，使用自动化仪表等控制装置代替人观察、判断、决策和操作。

先进控制策略在化工生产过程中的推广应用能够有效提高生产过程的平稳性和产品质量的合格率，对于降低生产成本、节能减排降耗、提升企业的经济效益具有重要意义。

（一）操作指标

进料流量控制：10～100 L/h；
塔顶界面液位控制：200～400 mm；
空气脉冲频率控制：0.1～20 Hz；
苯甲酸在煤油中的浓度：0.002 kg 苯甲酸/kg 煤油。

（二）控制方法

进料流量控制见图 5-18。

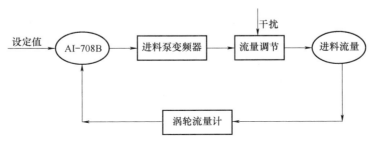

图 5-18　进料流量控制方块图

空气脉冲频率控制见图 5-19。

图 5-19　空气脉冲频率控制方块图

（三）报警连锁

萃取塔塔顶界面液位有上限报警功能：当塔顶界面液位超出上限报警值（280 mm）时，仪表对塔釜的常闭电磁阀 VA118 输出报警信号，电磁阀开启，塔釜排液；当塔釜液位降至上限报警值时，仪表停止输出报警信号，电磁阀关闭，塔釜停止排液。

三、物耗、能耗指标

原辅料：原料液（溶有苯甲酸的煤油）、纯净水。
能源动力：电能。

表 5-12　物耗、能耗一览表

名　称	耗　量	名　称	耗　量	名　称	额定功率
原料液	100 L/h	水	100 L/h	轻相泵	360 W
				重相泵	360 W
总计	100 L/h（可循环使用）	总计	100 L/h	总计	720 W

注：水、电实际消耗与产量相关。

四、操作步骤

（一）开车准备

（1）了解萃取操作的基本原理。

（2）了解萃取塔的基本构造，熟悉工艺流程和主要设备。

（3）熟悉各取样点及温度、压力测量点与控制点的位置，熟悉用涡轮流量计测量液体流量的操作。

（4）检查公用工程（电、压缩空气）是否处于正常供应状态。

（5）设备通电，检查流程中各设备、仪表是否处于正常开车状态，动设备试车。

（6）检查流程中的各阀门是否处于正常开车状态：

关闭阀门 VA101、VA102、VA103、VA104、VA105、VA106、VA107、VA108、VA109、VA110、VA112、VA114、VA116、VA118、VA120、VA121、VA123、VA124、VA125、VA126、VA128、VA130、VA132、VA133、VA135、VA137；

全开阀门 VA111、VA113、VA115、VA117、VA119、VA122、VA127、VA129、VA131、VA134、VA136。

（7）了解本实训所用物系（水-煤油-苯甲酸）。

（8）检查萃取相储罐和萃余相储罐是否有足够的空间贮存实验生成的产品：如萃取相储罐空间不够，打开阀门 VA110 将萃取相排出；如萃余相储罐空间不够，关闭阀门 VA124、VA126，打开阀门 VA125、VA128，启动轻相泵 P102 将煤油从萃余相储罐倒入轻相储罐 V103。

（9）检查重相储罐和轻相储罐是否有足够的原料供实验使用：如重相的量不够实验使用，打开阀门 VA105 将纯水引入重相储罐至液位 LI02 达到 3/4（注意，在实验过程中要经常检查液位 LI02，当其低于 1/4 时，打开阀门 VA101 将水引入使液位 LI02 达到 3/4）；如轻相的量不够实验使用，打开阀门 VA127 将煤油加入轻相储罐 V103 至液位 LI04 达到 3/4。

（10）了解实验用压缩空气的来源及引入方法。

（11）按照要求制定操作方案。

（二）冷态开车

开车操作的目的是将重相和轻相按规定流量引入萃取塔进行质量传递。

（1）启动重相泵 P101，打开阀门 VA106、VA109，重相通过转子流量计 FIC01 从萃取塔顶部进入。将重相流量设定为规定值（50 L/h），由转子流量计 FIC01 显示，通过自动调节重相泵的供电频率来控制。

（2）当萃取塔中重相（水）的液位达到顶部玻璃罐的 1/3 处时，启动轻相泵 P102，打开阀门 VA124、VA126，轻相通过转子流量计 FIC02 从萃取塔底部进入。将轻相流量设定为规定值（15～30 L/h），由转子流量计 FIC02 显示，通过自动调节轻相泵的供电频率来控制。

（3）观察并记录重相进入萃取塔前的温度 TI01 和压力 PI01。

（4）观察并记录轻相进入萃取塔前的温度 TI02 和压力 PI02。

（5）打开阀门 VA123，在轻相取样点 AI03 取样分析轻相组成。

（6）当萃取塔顶部分离段的油水界面达到设定值（280 mm）后，界面计输出信号，自动调节电磁阀的通断，从塔底排出萃取相，维持界面恒定；萃余相从塔顶溢流口流出，进入萃余分相罐 V105，萃余相出口温度由 TI04 显示。

（三）正常操作

（1）正常开车一定时间后，按照要求设定重相流量、轻相流量、往复频率，具体操作为通过调节 FIC01 与 FIC02 将重相流量调至 16 L/h，将轻相流量调至 24 L/h。轻、重两相呈逆流流动，充分接触进行质量传递。

（2）当萃取塔的液位稳定在规定值（280 mm），且塔顶和塔底的液相出料维持稳定时，萃取塔进入正常操作状态。

（3）塔顶的萃余相进入萃余分相罐静置一段时间后，轻相从顶部排出进入萃余相储罐，重相由底部排出。

（4）操作稳定 1 小时后，打开阀门 VA121 取萃取相（水）100 mL，打开阀门 VA123 取轻相 100 mL，打开阀门 VA130 取萃余相 100 mL 备分析浓度之用，取样应快速并尽可能同时。

（5）取样后可以继续稳定一段时间再取样分析，也可改变条件进行另一操作条件下的实验。

（6）用容量分析法测定各样品的浓度。用移液管分别取煤油相 50 mL、水相 50 mL，以酚酞做指示剂，用 0.01 mol/L 左右的 NaOH 标准液滴定样品中的苯甲酸。在滴定煤油相时应向样品中加数滴（3 滴）非离子型表面活性剂醚磺化 AES（脂肪醇聚氧乙烯醚硫酸钠），也可加入其他类型的非离子型表面活性剂，并滴定至终点。

（7）如进行空气脉冲强化萃取实验，除上述操作外，打开脉冲频率调节器的电源开关，设定脉冲频率为 0.1 左右；将压缩空气减压至 0.1 MPa，打开阀门 VA102，开度要小，使压缩空气缓冲罐 V106 升压速度不要过快。

（四）正常停车

完成规定的实训内容后，即可进行停车操作。在停车过程中发生异常现象须及时报告指导教师进行处理。

（1）关闭轻相泵 P102 的电源。

（2）关闭重相泵 P101 的电源。

（3）关闭塔底萃取相产品出口阀门。

（4）关闭塔顶萃余相产品出口阀门。

（5）将萃余分相罐 V105 中的重相排到排污槽中。

（6）关闭总电源，打扫卫生，结束实验。

五、安全生产技术

（一）生产事故及处理预案

萃取设备的常见异常现象及处理方法如下。

1. 轻相出口中苯甲酸含量升高

在普通填料萃取塔内，轻相出口中苯甲酸含量升高的主要原因有：重相流量减小、轻相流量增大、脉冲空气减少和塔性能恶化。处理措施如下。

（1）观察塔内是否发生乳化，如发生可减小脉冲空气的加入量。

（2）观察重相流量 FIC01，如流量减小，将流量增大调回正常值。

（3）观察轻相流量 FIC02，如流量增大，将流量减小调回正常值。

（4）观察压缩空气缓冲罐的压力 PI03，如发现下降，调节阀门 VA102 使压力恢复到正常值，或适当增大频率。

（5）如果上述调整均不见效，可能是塔性能恶化，及时向指导教师报告。

2. 物料乳化

萃取塔内气体的通入量或往复频率过大，都会造成煤油和水乳化，降低分离能力，处理措施是减小气体的通入量或往复频率。

（二）工业卫生和劳动保护

进入化工单元实训基地必须穿戴劳动防护用品，在指定区域正确戴上安全帽，穿上安全鞋，在任何作业过程中均须佩戴安全防护眼镜和合适的防护手套。无关人员未经允许不得进入实训基地。

1. 动设备操作安全注意事项

（1）检查柱塞计量泵润滑油油位是否正常。

（2）检查冷却水系统是否正常。

（3）确认工艺管线、工艺条件正常。

（4）启动电机前先盘车，正常才能通电，通电后立即查看电机是否启动，若启动异常，应立即断电，避免电机烧毁。

（5）启动电机后看其工艺参数是否正常。

（6）观察有无过大噪声、振动及松动的螺栓。

（7）观察有无泄漏。

（8）电机运转时不允许接触转动件。

2．静设备操作安全注意事项

（1）在操作及取样过程中注意防止产生静电。

（2）装置内的塔、罐、储槽需清理或检修时应按安全作业规定进行。

（3）容器应严格按规定的装料系数装料。

3．安全技术

（1）进行实训之前必须了解室内总电源开关与分电源开关的位置，以便发生用电事故时及时切断电源；在启动仪表柜电源前必须弄清楚每个开关的作用。

（2）设备配有温度、液位等测量仪表，对相关设备的工作进行集中监视，出现异常时及时处理。

（3）不能使用有缺陷的梯子，登梯前必须确保梯子支撑稳固，上下梯子应面向梯子并且双手扶梯，一人登梯时要有同伴护稳梯子。

4．防火措施

煤油属于易燃易爆品，操作过程中要严禁烟火。

5．职业卫生

1）噪声对人体的危害

噪声对人体的危害是多方面的，噪声可以使人耳聋，引起高血压、心脏病、神经官能症等疾病，还会污染环境，影响人们的正常生活，并降低其劳动生产效率。

2）工业企业噪声的卫生标准

工业企业生产车间和作业场所的工作点的噪声标准为85分贝。

现有工业企业经努力暂时达不到标准的，可适当放宽，但不能超过90分贝。

3）噪声的防护

噪声的防护方法很多，且得到不断改进，主要有三个方面，即控制声源、控制噪声传播、加强个人防护。降低噪声的根本途径是对声源采取隔声、减震和消除噪声的措施。

6．行为规范

（1）不准吸烟。

（2）保持实训环境整洁。

（3）不准从高处乱扔杂物。

（4）不准随意坐在灭火器箱、地板和教室外的凳子上。

（5）非紧急情况不得随意使用消防器材（训练除外）。

（6）不得倚靠在实训装置上。

（7）在实训基地、教室里不得打骂和嬉闹。

（8）使用后的清洁用具按规定放置整齐。

◆ 任务计划与实施

表5-13　工作任务计划与实施表

专业		班级		姓名		学号	
组别		任务名称		萃取实际操作		参考学时	8
任务描述		1. 阐述萃取实际操作装置的工艺流程及主要设备的作用； 2. 编制萃取实际操作的操作步骤； 3. 熟练完成萃取实际操作装置的开车、正常操作及正常停车等操作； 4. 正确判断萃取实际操作装置运行过程中出现的异常状况并能够及时处理					
任务计划及实施过程							

◆ 任务评价

表5-14　工作任务评价单

班级		姓名		学号		成绩	
组别		任务名称		萃取实际操作		参考学时	8
序号	评价内容		分数	自评分	互评分	组长或教师评分	
1	课前准备（课前预习情况）		5				
2	知识链接（完成情况）		25				
3	任务计划与实施		35				
4	实训效果		30				
5	遵守课堂纪律		5				
总分			100				
综合评价（自评分×20%+互评分×40%+组长或教师评分×40%）							
组长签字：				教师签字：			

思 考 题

1. 萃取的目的是什么？原理是什么？
2. 萃取溶剂的必要条件是什么？
3. 何为萃取相、萃余相、萃取液及萃余液？
4. 何为分配系数？其数值大小表明什么？
5. 在什么情况下选择萃取分离而不选择精馏分离？
6. 常见的萃取设备有哪些？各有何特点？
7. 萃取操作温度高些好还是低些好？
8. 请简述萃取仿真操作所选工艺的工艺过程。
9. 请简述萃取实际操作所选工艺的工艺过程。

项 目 六

干燥操作

知识与技能目标

1. 掌握干燥的基本概念与基本理论;
2. 理解干燥的原理及过程;
3. 熟悉流化床干燥设备的结构;
4. 熟悉流化床干燥装置的流程及仪表;
5. 掌握流化床干燥装置的操作技能;
6. 掌握干燥操作过程中常见异常现象的判别及处理方法。

任务一　认识干燥

◆ 任务导入

　　甲酸钙又称蚁酸钙,分子式是 $C_2H_2O_4Ca$,相对分子质量为130,为白色结晶粉末,略有吸湿性、味微苦、中性、无毒,溶于水。它是一种新型饲料添加剂,适用于各类动物。其具有酸化、防霉、抗菌等功能,还可作为快速凝固剂、润滑剂、早强剂等广泛应用于化工、建材、制革等工业生产中。

　　甲酸钙的生产常用甲酸与碳酸钙反应生成甲酸钙溶液,生成的甲酸钙溶液经过滤除掉不溶物,滤液再经浓缩结晶、离心分离可得到含水量为5%左右的产品,而合格的甲酸钙产品含水量≤0.3%。如何获得合格的产品?

◆ 任务分析

　　为了得到合格的甲酸钙产品,必须将潮湿的甲酸钙的含水量降至 0.3% 以下,即对甲酸钙进行干燥。在干燥的过程中依据什么原理,采用什么设备,通过怎样的流程才能完成任务呢?为了解决这些问题,我们必须掌握相关的干燥原理、干燥的方法、干燥的相关设备及工艺流程等知识。

◆ 知识链接

一、基本理论

(一)去湿与干燥

去湿是利用热能除去湿物料中的湿分的方法,包括机械去湿法和热能去湿法两种。

干燥是利用热能除去固体物料中的湿分的单元操作。干燥介质可以是不饱和热空气、惰性气体及烟道气等，需要除去的湿分为水分或其他化学溶剂。

物料的干燥方式有传导干燥、对流干燥、辐射干燥、介电加热干燥四种。在生产中，对流干燥是最普遍的方式，本项目中潮湿的硅胶颗粒中水分的去除就是以热空气为干燥介质的对流干燥过程。

（二）对流干燥的特点

在对流干燥过程中，热空气将热量传给湿物料，物料表面水分汽化，并通过表面外的气膜向气流主体扩散。与此同时，由于物料表面水分的汽化，物料内部与表面间存在水分浓度的差别，内部水分向表面扩散，汽化的水分被空气带走，所以干燥介质既是载热体又是载湿体，它在将热量传给物料的同时把物料中汽化出来的水分带走。因此干燥是传热和传质相结合的操作，是热、质同时传递但方向相反的过程。

（三）湿空气的性质与焓湿图

1. 湿空气的性质

1）湿空气中的水汽分压 p_v

当总压一定时，湿空气中水汽含量越高，则水汽分压越高。

2）湿度 H

湿度为湿空气中所含水汽的质量与绝干空气的质量之比。

$$H = 0.622 \frac{p_v}{p - p_v} \quad （\text{kg 水汽/kg 干气}） \tag{6-1}$$

饱和湿度

$$H_s = 0.622 \frac{p_s}{p - p_s} \tag{6-2}$$

3）相对湿度 φ

相对湿度为在一定的总压下，湿空气中的水汽分压 p_v 与同温度下水的饱和蒸气压 p_s 之比的百分数。

$$\varphi = \frac{p_v}{p_s} \times 100\% \tag{6-3}$$

相对湿度表明湿空气的不饱和程度，反映湿空气吸收水汽的能力。若 $\varphi=100\%$，即 $p_v=p_s$，表明空气饱和，不能再吸收水汽，不能作为干燥介质；若 $\varphi<100\%$，即 $p_v<p_s$，表明空气未饱和，能再吸收水汽，可作为干燥介质。φ 值愈小，表示湿空气偏离饱和程度愈远，干燥能力愈强。

相对湿度与绝对湿度的关系为

$$H = 0.622 \frac{\varphi p_s}{p - \varphi p_s} \tag{6-4}$$

4）湿比容 v_H

湿比容为 1 kg 干空气与其所含的 H kg 水汽所具有的总体积。

$$v_H = v_a + Hv_v = (0.773 + 1.244H) \times \frac{273+t}{273} \times \frac{1.013 \times 10^5}{p} \quad (\text{m}^3 \text{湿气/kg 干气}) \qquad (6-5)$$

式中 v_a——温度为 t 的 1 kg 干空气的体积，$\text{m}^3\text{/kg 干气}$；

v_v——温度为 t 的 1 kg 干空气所带的单位质量水蒸气的体积，$\text{m}^3\text{/}$（kg 水蒸气·kg 干气）。

5）湿比热 c_H

湿比热为将 1 kg 干空气和其所含的 H kg 水汽的温度升高 1℃所需的热量。

$$c_H = 1.01 + 1.88H \text{ [kJ/（kg 干气·℃）]} \qquad (6-6)$$

6）焓 h_H

湿空气的焓为其中干空气的焓及水汽的焓之和。

$$h_H = (1.01 + 1.88H)t + 2492H \quad (\text{kJ/kg 干气}) \qquad (6-7)$$

7）干球温度 t 及湿球温度 t_w

干球温度：空气的温度。

湿球温度：将湿球温度计置于一定温度和湿度的流动空气中，达到稳态时的温度。

$$t_w = t - \frac{k_H r_w}{\alpha}(H_w - H) \qquad (6-8)$$

式中 k_H——以湿度为推动力的气膜传质系数，kg/（m^2·s）；

r_w——温度为 t_w 时水的汽化潜热，kJ/kg；

H_w——湿纱布的表面湿度，即温度为 t_w 时湿空气的饱和温度。

t_w 的大小与物系的性质、气相的状态（t、H）、流动条件 u（α、k_H）有关。对于空气-水物系，当 $u > 5$ m/s 时，$\alpha/k_H \approx 1.09 \approx c_H$，即 $t_w = f(t, H)$。

由上式可知，在一定的总压下，只要测得 t、t_w，就可计算出 H，故在实际生产中常利用干、湿球温度计测量空气的湿度。

8）露点温度 t_d

露点温度为在一定的压力下，将不饱和空气等湿降温至饱和，出现第一滴露珠时的温度。

$$p_d = \frac{Hp}{0.622 + H} \qquad (6-9)$$

由 p_d 根据饱和水蒸气表查出相应的温度，即为该湿空气的露点。

9）绝热饱和温度 t_{as}

湿空气绝热增湿至饱和所达到的温度为绝热饱和温度。

$$t_{as} = t - \frac{r_{as}}{c_H}(H_{as} - H) \qquad (6-10)$$

式中 r_{as}——温度为 t_{as} 时水的汽化潜热，kJ/kg；

H_{as}——温度为 t_{as} 时空气的饱和湿度。

对于空气-水系统，以上四种温度存在如下关系。

不饱和湿空气：$t > t_w (t_{as}) > t_d$；

饱和湿空气：$t = t_w (t_{as}) = t_d$。

2. 湿空气的焓湿图及其应用

焓湿图（h-H图）如图6-1所示，图中共有四种线，分别为：

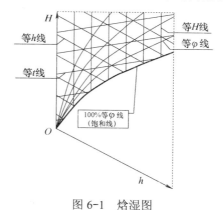

图6-1　焓湿图

（1）等湿度线（等 H 线）；

（2）等焓线（等 h 线）；

（3）等温线（等 t 线）；

（4）等相对湿度线（等 φ 线）。

焓湿图中的任意点均代表某一确定的湿空气状态，依据任意两个独立的参数即可在 h-H 图中定出状态点，并查得湿空气的其他性质。

（四）物料中所含水分的性质及含水量的表示方法

1. 物料中所含水分的性质

1）平衡水分和自由水分

平衡水分：某种物料与一定温度和相对湿度的空气相接触，经过一定时间后物料中所含水分不再变化，说明物料中的水分与空气达到了平衡，此时物料中所含的水分称为此空气状态下该物料的平衡水分。物料的平衡含水量是一定空气状态下物料被干燥的极限。

物料的平衡含水量与物料的种类及湿空气的性质有关。平衡含水量随物料种类的不同而有较大差异，非吸水性物料平衡含水量较低，吸水性物料平衡含水量较高。对于同一物料，平衡含水量因所接触的空气状态不同而变化，温度一定时，空气的相对湿度越高，平衡含水量越高；相对湿度一定时，温度越高，平衡含水量越低，但变化不大，由于缺乏不同温度下的平衡含水量数据，一般温度变化不大时，可忽略温度对平衡含水量的影响。

自由水分：物料中所含的平衡水分以外的那一部分水分，可在该空气状态下用干燥方法除去，称为自由水分。

2）结合水分和非结合水分

结合水分：该水分凭借化学力、物理化学力与物料相结合，由于结合力大，其蒸气压低于同温度下纯水的饱和蒸气压，致使干燥过程的传质推动力减小，故难以除去。

非结合水分：该水分与物料的结合较弱，其蒸气压等于同温度下纯水的饱和蒸气压，因此，非结合水分比结合水分容易除去。

2. 含水量的表示方法

1）湿基含水量

湿基含水量是以湿物料为计算基准时湿物料中水的质量分数。

$$w = \frac{湿物料中水分的质量}{湿物料总质量} \times 100\% \tag{6-11}$$

2）干基含水量

干基含水量是以绝干物料为计算基准时湿物料中水分的质量分数。

$$X = \frac{湿物料中水分的质量}{湿物料中绝干物料的质量} \tag{6-12}$$

二、基本原理

潮湿物料的干燥常采用对流干燥，其原理见图 6-2。它包含传热和传质两个过程。在传热过程中，热气流将热能传至物料表面，再由物料表面传至物料内部；在传质过程中，水分从物料内部以液态或气态扩散透过物料层而到达物料表面，再通过物料表面的气膜扩散到热气流的主体。

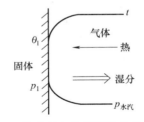

图 6-2　热空气与物料间的传热与传质

当湿物料与干燥介质相接触时，物料表面的水分开始汽化，并向周围介质传递。根据干燥过程中不同阶段的特点，干燥过程可分为两个阶段。

第一个阶段为恒速干燥阶段。在此阶段，由于物料中的含水量较大，其内部的水分能迅速地扩散到物料表面。因此，干燥速率取决于物料表面水分的汽化速率，故此阶段亦称为表面汽化控制阶段。在此阶段，干燥介质传给物料的热量全部用于水分的汽化，物料表面的温度维持恒定（等于空气的湿球温度），物料表面的水蒸气分压也维持恒定，故干燥速率恒定不变。

第二个阶段为降速干燥阶段。当物料被干燥达到临界湿含量后，便进入降速干燥阶段。此时，物料中所含水分较少，水分自物料内部向表面传递的速率低于物料表面水分的汽化速率，干燥速率取决于物料内部的传递速率，故此阶段亦称为内部迁移控制阶段。随着物料湿含量逐渐减少，物料内部水分的迁移速率也逐渐减小，故干燥速率不断下降。

影响恒速段的干燥速率和临界含水量的主要因素有：固体物料的种类和性质；固体物料层的厚度或颗粒大小；空气的温度、湿度和流速；空气与固体物料间的相对运动方式等。

恒速段的干燥速率和临界含水量是研究干燥过程和设计干燥器的重要数据。

（一）干燥速率

$$U = \frac{\mathrm{d}m_{\mathrm{w}}}{\mathrm{d}\tau} \approx \frac{\Delta m_{\mathrm{w}}}{\Delta \tau} \tag{6-13}$$

式中　U——干燥速率，kg/s；

　　　$\Delta \tau$——时间间隔，s；

　　　Δm_{w}——$\Delta \tau$ 时间间隔内干燥汽化的水分量，kg。

（二）物料的干基含水量

$$X = \frac{m_{\mathrm{G'}} - m_{\mathrm{G_c}}}{m_{\mathrm{G_c}}} \tag{6-14}$$

式中　X——物料的干基含水量，kg 水/kg 绝干物料；

　　　$m_{\mathrm{G'}}$——固体湿物料的质量，kg；

　　　$m_{\mathrm{G_c}}$——绝干物料的质量，kg。

（三）恒速干燥阶段物料表面与空气之间对流传热系数的测定

$$U_{\mathrm{c}} = \frac{\mathrm{d}m_{\mathrm{w}}}{\mathrm{d}\tau} = \frac{\mathrm{d}Q'}{r'\mathrm{d}\tau} = \frac{\alpha(t - t_{\mathrm{w}})}{r'} \frac{1}{2} \tag{6-15}$$

$$\alpha = \frac{U_{\mathrm{c}}r'}{t - t_{\mathrm{w}}} \tag{6-16}$$

式中　α——恒速干燥阶段物料表面与空气之间的对流传热系数，W/℃；

　　　U_{c}——恒速干燥阶段的干燥速率，kg/s；

　　　t_{w}——干燥器内空气的湿球温度，℃；

　　　t——干燥器内空气的干球温度，℃；

　　　r'——湿球温度（t_{w}）下水的汽化热，J/kg；

　　　Q'——空气传给物料的热量，J。

（四）干燥器内空气实际体积流量的计算

由理想气体的状态方程可推导出

$$q_{V,\ t} = q_{V,\ t_0} \times \frac{273 + t}{273 + t_0} \tag{6-17}$$

式中　$q_{V,\ t}$——干燥器内空气的实际流量，m³/s；

t_0——流量计处空气的温度，℃；

$q_{V,\,t_0}$——常压、t_0 下空气的流量，m^3/s；

t——干燥器内空气的干球温度，℃。

干燥操作的必要条件是物料表面的水汽压力必须大于干燥介质中的水汽分压，两者差别越大，干燥过程进行得越快。所以干燥介质应及时将汽化的水分带走，以维持一定的扩散推动力。若干燥介质为水汽所饱和，则推动力为零，这时干燥操作停止进行。

三、主要设备

（一）干燥器的类型及常用的干燥器

干燥器是通过加热使物料中的湿分（一般指水分或其他可挥发性液体成分）汽化逸出，以获得规定湿含量的固体物料的机械设备。

工业上应用的干燥器类型很多，可根据不同的方法进行分类：

按操作过程分为间歇式（分批操作）干燥器和连续式干燥器；

按操作压力分为常压干燥器和真空干燥器；

按加热方式分为对流式干燥器、传导式干燥器、辐射式干燥器、介电式干燥器等类型；

按湿物料的运动方式分为固定床式干燥器、搅动式干燥器、喷雾式干燥器和组合式干燥器；

按结构分为厢式干燥器、输送机式干燥器、转筒式干燥器、立式干燥器、机械搅拌式干燥器、回转式干燥器、流化床干燥器、气流干燥器、振动式干燥器、喷雾干燥器以及组合式干燥器等。

下面简要介绍工业上常用的几种干燥器。

1. 厢式干燥器

厢式干燥器是典型的常压间歇干燥器，一般来说，器型较小的称为烘箱，器型较大的称为烘房。图 6-3 为厢式干燥器的示意图，其外形呈厢式，外部用绝热材料保温。干燥室内有一个带多层支架的小车，每层架上均有放料盘，湿物料置于盘中。新鲜空气由风机吸入，经空气加热器和分流板均匀地进入各层之间，从物料表面掠过以干燥物料，干燥后的废气经排气口排出。

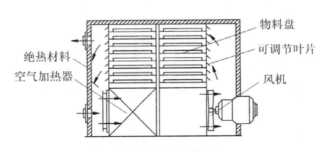

图 6-3　厢式干燥器

厢式干燥器的优点是结构简单，制造容易，装卸灵活、方便，对物料的适应性强。由于物料在干燥过程中处于静止状态，特别适用于不允许破碎的脆性物料及小批量物料。其缺点是间歇操作，干燥时间长，干燥不均匀，人工装卸料，劳动强度大，完成一定任务所需的设备体积大。

2. 洞道式干燥器

厢式干燥器从能耗和生产能力两方面考虑都不满足大批量生产的要求，洞道式干燥器是厢式干燥器自然发展的结果，也可以视为连续化的厢式干燥器，如图 6-4 所示。干燥器有一个较长的通道，洞道长度可达 30~40 m，其中铺设有铁轨，料车在铁轨上运行，空气连续地在洞道内被加热并强制地流过物料，小车可连续地或半连续地移动。空气与物料逆流或错流流动，流速大于 2 m/s。

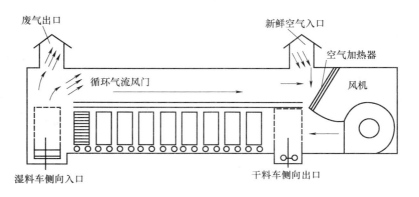

图 6-4　洞道式干燥器

洞道式干燥器的优点是具有非常灵活的控制条件，可使物料处于具有所要求的温度、湿度、速度的气流之中，使产品的水分含量更均匀。其缺点是结构复杂，密封要求高，需要特殊的装置，能量消耗较多。

3. 转筒式干燥器

转筒式干燥器也被称为滚筒干燥设备或圆筒烘干机，是矿业设备中应用最广泛的一种连续干燥设备，结构如图 6-5 所示。转筒式干燥器的主体是一个与水平面略成倾角的旋转圆筒，主要由回转体、抄板、传动装置、支承装置及密封圈等部件组成。物料从高端加入，低端排出。载热体由低端进入，与物料逆流接触，也有载热体和物料一起并流进入筒体的。在筒体内壁上装有抄板，它的作用是把物料抄起来又撒下，使物料与气流的接触表面增大，以提高干燥速率并促进物料前进。随着圆筒转动，物料被升举和抛撒并向前运动。湿物料在筒体内向前移动的过程中，直接或间接得到了载热体给的热，得以干燥，然后在出料端由皮带机或螺旋输送机送出。载热体一般为热空气、烟道气等。载热体经过干燥器以后，一般需要采用旋风除尘器将气体所带物料捕集下来。如需进一步降低尾气含尘量，还应经过袋式除尘器或湿法除尘器后再排放。

转筒式干燥器的优点是连续操作，生产能力大，机械化程度高，产品水分含量均匀。其缺点是结构复杂，传动部分经常需要维修，投资较大。

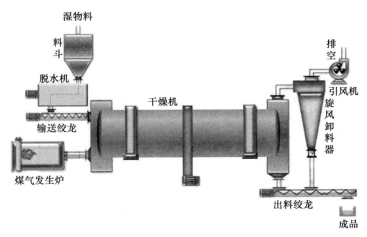

图 6-5　转筒式干燥器

4．气流干燥器

气流干燥器的工作流程如图 6-6 所示。物料由输送带经螺旋加料器送入气流管的底部，空气由引风机吸入后，经加热器加热至一定温度后送入气流管。在气流管内，物料受到气流冲击，以粉粒状分散于气流中呈悬浮状态，被气流输送而向上运动，并在输送过程中与热空气接触进行干燥。干燥后的物料颗粒经旋风分离器分离下来，从下端排出，废气经布袋除尘器后放空。

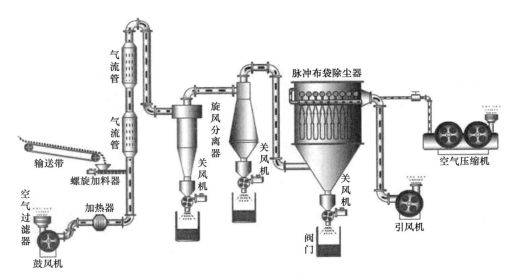

图 6-6　气流干燥器

气流管的长度一般为 10～20 m，气体在其中的速度一般为 10～25 m/s，也有高达 30～40 m/s 的，因此，物料停留时间极短。在气流管内，物料颗粒在气流中高度分散，使气、固间的接触面积大大增大，强化了传热与传质过程，干燥效果好。

气流干燥器的优点是气、固接触面积大，传热、传质系数大，干燥速率大；干燥时间短，适用于热敏性物料的干燥；由于气、固并流操作，可以采用高温介质，热损失小，因而热效率高；设备紧凑、结构简单、占地小，运动部件少，易于维修，成本费用低。其缺点是气流速度高，流动阻力及动力消耗大；在输送与干燥过程中物料与器壁或物料之间相互摩擦，易使产品粉碎；由于全部产品均由气流带出并由分离器回收，分离器负荷较大。

气流干燥器适于处理含非结合水、结块不严重又不怕磨损的粒状物料，尤其适于干燥热敏性物料、临界含水量低的细粒或粉末物料。

5. 流化床干燥器

流化床干燥器又称沸腾床干燥器，干燥介质使固体颗粒在流化状态下进行干燥，是固体流态化技术在干燥操作中的应用。

流化床干燥器由空气过滤器、沸腾床主机、旋风分离器、布袋除尘器、高压离心通风机、操作台组成，其工作流程如图 6-7 所示。散粒状固体物料由加料器加入流化床干燥器中，过滤后的洁净空气被加热后由鼓风机送入流化床底部经分布板与固体物料接触，达到流化态并完成气、固的热质交换。物料被干燥后由排料口排出，废气由沸腾床顶部经旋风分离器组和布袋除尘器回收固体粉料后排空。由于被干燥物料的性质不同，配套除尘设备时可按需要考虑，可同时选择旋风分离器、布袋除尘器，也可选择其中一种。一般来说，比重较大的冲剂及颗粒物料干燥只需选择旋风分离器。比重较小的小颗粒和粉状物料需配套布袋除尘器、送料装置及皮带输送机等。在流化床中，颗粒仅在热气流中上下翻动，彼此碰撞和混合，气、固进行传热和传质，以达到干燥的目的。

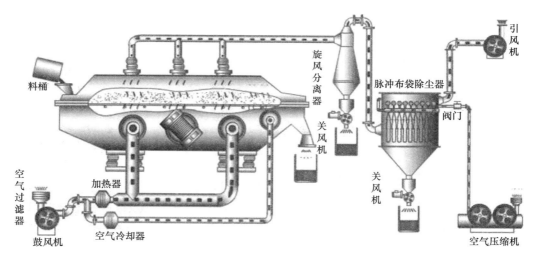

图 6-7　流化床干燥器

流化床干燥器的优点是具有较高的传热和传质速率，适用于热敏性物料的干燥；物料在干燥器中的停留时间可自由调节，干燥效果好；结构简单，造价低，活动部件少，操作维修方便；流体阻力小，对物料的磨损较轻，气固分离较容易，热效率高；可实行自动化生产，是连续式干燥设备；干燥速度快，温度低，能保证生产质量，符合药品生产的 GMP 要求。

流化床干燥器适用于散粒状物料的干燥，如药品中的原料药、压片颗粒料、中药、冲剂，化工原料中的塑料、树脂、柠檬酸和其他粉状、颗粒状物料的干燥除湿，还适用于饮料、冲剂、粮食、玉米胚芽、饲料以及矿粉、金属粉等物料的干燥。物料的粒径最大可达 6 mm，最佳为 0.5～3 mm，可处理粒径为 30 μm～6 mm 的粉粒状物料。流化床干燥器处理粉粒状物料时，要求物料中含水量为 2%～5%，对颗粒状物料则需低于 10%～15%。

6. 喷雾干燥器

喷雾干燥器采用雾化器将稀料液（如含水量在 76%～80%的溶液、悬浮液、浆液等）分散成雾滴分散在热气流中，使水分迅速汽化而达到干燥的目的。

图 6-8 为喷雾干燥器的工作流程图。浆液被送料泵压至雾化器中，雾化为细小的雾滴而分散在气流中，雾滴在干燥器内与热气流接触，其中的水分迅速汽化，成为微粒或细粉落到干燥器底部。产品由风机吸送到旋风分离器中被回收，废气经风机排出。喷雾干燥器的干燥介质多为热空气，也可用烟道气或惰性气体。

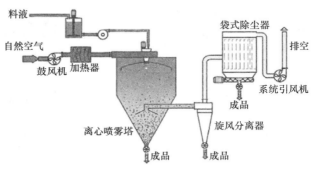

图 6-8　喷雾干燥器

雾化器是喷雾干燥器的关键部分，它影响着产品的质量和能量消耗。工业上采用的雾化器有三种形式，即旋转式雾化器、压力式雾化器及气流式雾化器。

喷雾干燥器的主要优点是可直接由料液得到粉粒产品，省去了许多中间过程，如蒸发、结晶、分离、粉碎等；由于喷成极细的雾滴分散在热气流中，干燥面积极大，干燥过程进行得极快（一般仅需要 3～10 s），特别适用于热敏性物料的干燥，如牛奶、药品、生物制品、染料等；能得到速溶的粉末或空心细颗粒；过程易于连续化、自动化。其缺点为干燥过程的能量消耗大，热效率较低；设备占地面积大、设备成本高；粉尘回收麻烦，回收设备投资大。

（二）干燥器的配套设备

1. 旋风分离器

旋风分离器是利用离心力分离气流中的固体颗粒或液滴的设备。其工作原理是靠气流的切向引入造成旋转运动，将具有较大惯性离心力的固体颗粒或液滴甩向外壁面分开。它是在工业上应用很广的一种分离设备。

如图 6-9 所示，旋风分离器采用立式圆筒结构，内部沿轴向分为集液区、旋风分离区、净化室区等。内装旋风子构件，按圆周方向均匀排布并采用上下管板固定；设备采用裙座支撑，封头采用耐高压椭圆形封头。通常，气体入口设计有三种形式：上部进气、中部进气、下部进气。对于湿气，常采用下部进气方案，而对于干气，常采用中部进气或上部进气方案。

旋风分离器在设计压力和气量条件下，均可除去粒径≥10 μm 的固体颗粒。在工况点，分离效率为 99%，在工况点±15%的范围内，分离效率为 97%。在正常工作条件下，单台旋风分离器在工况点压降不大于 0.05 MPa。其设计使用寿命不短于 20 年。

旋风分离器适用于净化粒径大于 3 μm 的非黏性、非纤维干燥粉尘。它是一种结构简单、操作方便、耐高温、设备费用较高、阻力较大（80～160 mmH$_2$O，为 784～1 568 Pa）的净化设备，在净化设备中应用最为广泛。改进型旋风分离器在部分装置中可以取代尾气过滤设备。

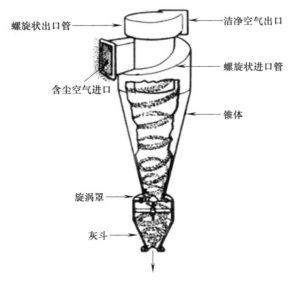

图 6-9　旋风分离器

2. 布袋除尘器

布袋除尘器即袋式除尘器。袋式除尘器是一种干式滤尘装置，适于捕集细小、干燥、非纤维性粉尘。滤袋采用纺织的滤布或非纺织的毡制成，利用纤维织物的过滤作用对含尘气体进行过滤。含尘气体进入袋式除尘器后，颗粒大、比重大的粉尘由于重力的作用沉降下来，落入灰斗，含有较细小粉尘的气体通过滤袋时，粉尘被阻留，气体得到净化。

袋式除尘器的结构如图 6-10 所示，主要由上部箱体、中部箱体、下部箱体（灰斗）、清灰系统和排灰机构等部分组成。滤袋可为扁形（梯形及平板形）袋或圆形（圆筒形）袋；进出风方式有下进风上出风、上进下出风和直流式（只限于板状扁袋）。滤料用纤维，有棉纤维、毛纤维、合成纤维以及玻璃纤维等，不同纤维织成的滤料具有不同性能。

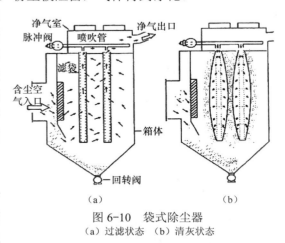

图 6-10　袋式除尘器
（a）过滤状态　（b）清灰状态

袋式除尘器的主要特点有：除尘效率高，一般在 99%以上，出口气体含尘浓度在每立方米数十毫克之内，对亚微米粒径的细尘有较高的分离效率；处理风量的范围广，可用于工业炉窑的烟气除尘，减少大气污染物的排放；结构简单，维护、操作方便；在保证同样高的除尘效率的前提下，造价低于电除尘器；采用玻璃纤维、聚四氟乙烯、P84 等耐高温滤料时，可在 200℃以上的高温条件下运行；对粉尘的特性不敏感，不受粉尘及电阻的影响。

除了滤袋的材料外，清灰系统也对袋式除尘器的性能起着决定性的作用。因此，清灰方法是区分袋式除尘器的特性之一，也是袋式除尘器运行中重要的一环。

四、工艺流程

甲酸钙的干燥主要采用气流干燥器进行，在此过程中还会产生微量的粉尘，由旋风分离器和布袋除尘器收集。甲酸钙干燥带有控制点的工艺流程见图 6-11。

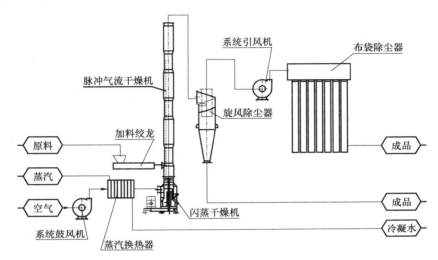

图 6-11　甲酸钙干燥的工艺流程

◈ 任务计划与实施

表 6-1　工作任务计划与实施表

专业		班级		姓名		学号	
组别		任务名称	认识干燥		参考学时		4
任务描述	阐述气流干燥器干燥甲酸钙的原理、典型设备及相关工艺流程						
任务计划及实施过程							

任务评价

表 6-2　工作任务评价单

班级		姓名		学号		成绩	
组别		任务名称	认识干燥			参考学时	4
序号	评价内容		分数	自评分	互评分	组长或教师评分	
1	课前准备（课前预习情况）		5				
2	知识链接（完成情况）		25				
3	任务计划与实施		35				
4	学习效果		30				
5	遵守课堂纪律		5				
总分			100				
综合评价（自评分×20%+互评分×40%+组长或教师评分×40%）							
组长签字：　　　　　　　　　　　　　　教师签字：							

任务二　干燥实际操作

任务导入

正确操作流化床干燥设备，观察硅胶颗粒的颜色变化，完成潮湿硅胶颗粒的干燥。

任务分析

要完成干燥实际操作任务，首先要熟悉流程中各阀门、仪表、设备的类型、使用方法及安全操作知识；其次要熟悉流化床干燥装置的工艺流程和控制方式；最后能通过小组实训对流化床干燥装置进行冷态开车、正常操作、正常停车的操作，并能对简单的故障进行分析和处理。

知识链接

一、干燥实训的主要设备及工艺流程

（一）实训设备

流化床干燥装置的主要设备见表 6-3。

表 6-3　流化床干燥装置的主要设备

序号	位号	名称	用途	规格
1	T101	流化床干燥塔	完成干燥任务	不锈钢，玻璃观测段，带 0.07 m² 的内置式换热器（由 ϕ12 mm 的不锈钢管制成）
2	E101	换热器	预热空气	FF15 风冷式油冷却器，换热面积 1.5 m²，散热能力 150 W/℃
3	R101	导热油炉	给加热介质提供热量	不锈钢，ϕ300 mm×400 mm，加热器功率 4 kW
4	R102	加料器	调节湿物料的进料速度	不锈钢，电机功率 30 W
5	R103	旋风分离器	分离和收集空气中的粉尘	玻璃标准旋风分离器，D=80 mm
6	R104	布袋除尘器	进一步除去空气中的粉尘	100 目标准袋滤器
7	P101	旋涡气泵	输送空气	XGB-12 型旋涡气泵，功率 550 W，最大流量 100 m³/h
8	P102	导热油泵	输送加热介质	TD-35 油泵，370 W，45 L/min
9	V101	导热油事故罐	贮存加热介质	不锈钢，ϕ273 mm×400 mm
10	V102	产品收集罐	收集产品	不锈钢，ϕ75 mm×200 mm
11	V103	旋风收集器	收集粉尘	1 000 mL 的玻璃锥形瓶

（二）实训仪表

流化床干燥装置的仪表见表 6-4。

表 6-4　流化床干燥装置的仪表

序号	位号	仪表用途	仪表位置	规格 传感器	规格 显示仪	执行器
1	PI01	导热油泵出口压力	现场		压力表	
2	ΔP02	流化床床层压降	集中	0～20 kPa 压差传感器	AI-501D	
3	FIC01	空气流量	集中	0～100 m³/h 涡轮流量计	AI-808B	电动调节阀
4	DIC01	热介质加热电压	集中	0～250 V 电压变送器	AI-808B	固态继电器
5	LIA02	导热油炉液位	现场/集中	0～420 mm UHC 荧光柱式磁翻转液位计	AI-501D	
6	TIA01	导热油温度	集中		AI-501D	
7	TIC02	流化床床层温度	集中		AI-808B	变频器
8	TI03	干燥塔出口空气温度	集中	K 型热电偶	AI-501D	
9	TI04	干燥物料出口温度	集中		AI-501D	
10	TI05	干燥塔进口空气温度	集中		AI-501D	
11	TI06	换热器入口空气温度	集中		AI-501D	

（三）工艺流程

流化床干燥装置的工艺流程见图 6-12。

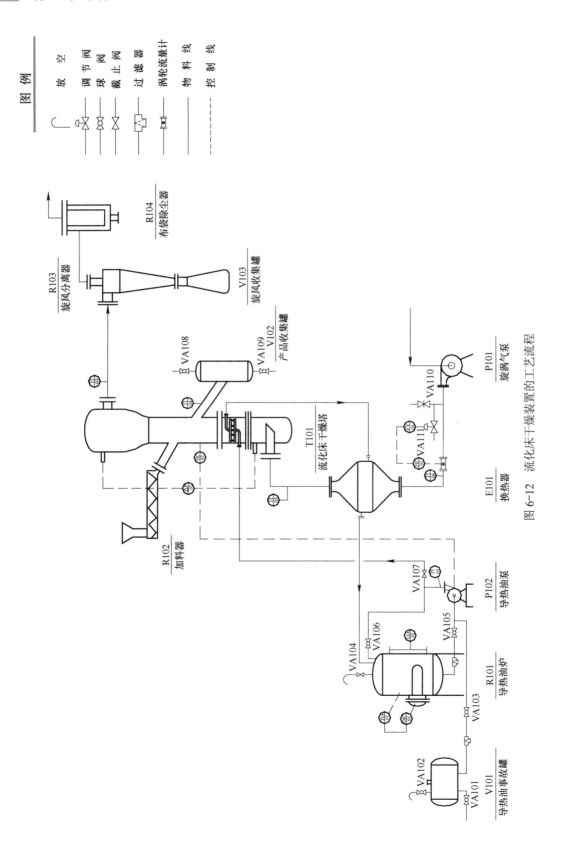

图 6-12　流化床干燥装置的工艺流程

二、生产控制

（一）操作指标

空气流量：10～40 m³/h；

水温：70～90 ℃；

热空气温度：60～70 ℃；

油罐液位：200～300 mm；

干基含水量：15%；

粒度大小：24～20 目。

（二）控制方法

导热油温度控制见图 6-13。

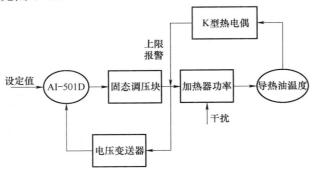

图 6-13　导热油温度控制方块图

流化床床层温度控制见图 6-14。

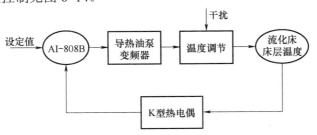

图 6-14　流化床床层温度控制方块图

空气流量控制见图 6-15。

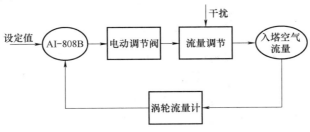

图 6-15　空气流量控制方块图

（三）报警连锁

本装置在导热油炉液位 LIA02 和导热油加热器之间设有液位下限报警，当导热油炉液位低于下限报警值时，仪表输出报警信号，导热油加热器停止加热。

本装置在导热油温度 TIA01 和导热油加热器之间设有温度上限报警，当导热油温度超过上限报警值时，仪表输出报警信号，导热油加热器停止加热。

三、物耗、能耗指标

本实训装置的物质消耗为：空气、湿硅胶。

本实训装置的能量消耗为：加热器耗电，导热油泵耗电，螺旋加料器耗电，旋涡气泵耗电。

表 6-5　物耗、能耗一览表

名　称	耗　量	名　称	耗　量	名　称	额定功率
				加热器	3 kW
				导热油泵	370 W
空气	10～40 m³/h	湿硅胶	2.5～3.5 kg/h	螺旋加料器	30 W
				旋涡气泵	550 W
				干扰加热	1 kW
总计	10～40 m³/h	总计	2.5～3.5 kg/h	总计	4.95 kW

四、操作步骤

（一）开车准备

（1）了解流化床干燥的基本原理。

（2）熟悉流化床干燥的工艺流程、实训装置及主要设备。

（3）检查流程中的各阀门是否处于正常开车状态：

关闭阀门 VA101、VA103、VA105、VA106、VA107、VA108、VA109、VA111；

全开阀门 VA102、VA104 和 VA110。

（4）检查公用工程（电）是否处于正常供应状态。

（5）设备通电，检查流程中各设备、仪表是否处于正常开车状态，动设备试车。

（6）了解本实训所用物料（湿物料和空气）的来源及制备。

将硅胶物料粉碎后用 20 目和 24 目的筛子进行筛分得到粒度为 0.8～0.9 mm 的硅胶颗粒，用来制备湿物料。向物料中滴加蒸馏水，静置 15 min 后摇晃至松散，干基含水量在 15%左右，可以用于实验。若出现粘连现象说明物料已经饱和，含水率太高，这样对流化是不利的，需要加入干物料，摇晃至松散不粘连。每台干燥装置需要配制湿度均匀的湿物料 1 L 左右。

（7）取一定量的物料进行称重并记为 m_s，然后放入烘箱中烘 12 小时后再进行称重并记为 m_s'，得到物料的含水量。

（8）检查导热油炉 R101 的液位 LIA02，看是否有足够的导热油供实验使用，如不够关闭阀门 VA105、VA107，打开阀门 VA102、VA103、VA104、VA106，启动导热油泵加入适量的导热油后关闭阀门。

（9）向加料器 R102 的料槽中加入待干燥的物料——湿硅胶。

（10）按照要求制定操作方案。

发现异常情况必须及时报告指导教师进行处理。

（二）冷态开车

（1）打开导热油炉 R101 的电加热器开关，设定加热电压（150～200 V），开始加热。

（2）启动导热油泵 P102，通过导热油泵变频器调节导热油泵的流量，打开导热油炉循环管线上的阀门 VA105 和 VA106，导热油循环进入导热油炉，使导热油炉内油温均匀。

（3）当导热油炉的温度指示 TIA01 达到规定值（70～90 ℃）时，加热好的导热油可以投入使用。适当调整导热油炉 R101 的加热量，将导热油温度控制在规定值。

（4）启动旋涡气泵 P101，将空气用气泵吹出。空气流量由涡轮流量计测量，通过仪表 FIC01 调节电动调节阀 VA111 的开度，使空气流量达到设定值（10～40 m³/h）。（如空气流量长时间无法达到设定值，可适当减小阀门 VA110 的开度）

（5）打开阀门 VA107，关闭阀门 VA106。这时导热油泵 P102 将导热油输送到流化床干燥塔，与塔内气体换热后，进入换热器 E101 加热空气，然后返回导热油炉。

（6）进入换热器 E101 的空气温度由温度显示仪 TI06 显示，离开换热器 E101 的空气温度由温度显示仪 TI05 显示。被加热的空气从流化床干燥塔的底部进入干燥塔，塔内的温度由温度显示与控制仪 TIC02 显示，通过调节导热油泵的频率来调节导热油的循环量，从而控制塔内空气的温度 TIC02（60～70 ℃）。

（7）打开加料器 R102 的控制器，调节转速调节旋钮至 2～3 r/min，使湿物料通过加料器 R102 缓慢加入干燥器，观察器内物料的干燥过程。

（8）通过调整空气流量保证塔内的物料充分流化。

（9）通过调整加料速度或加热空气温度保证加入干燥器的湿物料干燥完全。

（三）正常操作

当流化床干燥器内空气温度恒定，床层膨胀到接近出料口时，干燥过程进入正常操作状态。

（1）调节加料器 R102 的转速控制器的调节旋钮，设定加料电机转速为 2～3 r/min。

（2）打开阀门 VA108，待有干燥的物料从干燥器的出料口出料后稳定操作 20 min，打开阀门 VA109 将产品收集罐 V102 中的物料排净。

（3）关闭阀门 VA109 的同时开始记录时间。

（4）一段时间（20～40 min）后打开阀门 VA109 收集干燥的物料。

（5）对样品进行称重，并记录下干物料的质量 m_p。

（6）将物料放入烘箱中干燥 12 小时再进行称重，并记下其质量 m_P'。

（四）正常停车

（1）停止向干燥塔加入湿物料，正常操作 10 min；

（2）关闭导热油炉 R101 的电加热器开关；

（3）关闭导热油泵 P102 的电源；

（4）待干燥塔内的温度 TIC02 低于 40 ℃，将干燥塔上部沉降段封头的出料口的盖子打开，使出料器的出口管线与旋涡气泵的入口相通，将出料器的吸料管插入干燥塔中，将物料吸出，从旋风收集罐获得吸出的物料；

（5）将物料全部吸出后取出吸料管，断开出料器与风机的连接，拧紧出料口的盖子；

（6）关闭总电源。

五、安全生产技术

（一）生产事故及处理预案

干燥设备的常见异常现象及处理方法如下。

1．干燥塔床层膨胀高度发生较大变化

造成床层膨胀高度发生较大变化的主要原因是加入物料的变化和空气流量的变化，由于在操作过程中进料一般不会发生变化，因此空气流量的变化是床层膨胀高度变化的主要原因。床层膨胀高度随进入干燥塔空气流量的增加而增大。如果床层膨胀高度大幅增大，应减小空气流量，将阀门 VA110 开大；反之，增大空气流量，将阀门 VA110 关小。

待操作稳定后记录实验数据，继续进行其他实验。

2．干燥塔内空气温度发生较大变化

造成干燥塔内空气温度发生较大变化的原因主要有导热油循环量加大和导热油温度升高。能够比较快地将空气温度调整到正常值的方法是改变导热油循环量，空气温度过高，减小导热油循环量；反之，增大导热油循环量。

待操作稳定后记录实验数据，继续进行其他实验。

3．干燥后产品湿含量不合格

干燥空气流量过小、干燥塔内空气温度偏低、加料速度过快和物料的湿含量增大是造成干燥后产品湿含量不合格的主要原因。处理该异常现象的顺序是：①如床层流化正常，升高干燥塔内空气的温度；②如流化不好，先增大空气流量，再提升空气的温度；③在保证正常流化的前提下，先调整空气温度至操作上限，再调整加热空气的流量；④空气流量和温度都已达到操作上限后，减小加料量；⑤调整工艺，使进料的湿含量下降。

待操作稳定后记录实验数据，继续进行其他实验。

（二）工业卫生和劳动保护

进入化工单元实训基地必须穿戴劳动防护用品，在指定区域正确戴上安全帽，穿上安

全鞋，在任何作业过程中均须佩戴安全防护眼镜和合适的防护手套。无关人员未经允许不得进入实训基地。

1．行为规范

（1）不准吸烟；

（2）保持实训环境整洁；

（3）不准从高处乱扔杂物；

（4）不准随意坐在灭火器箱、地板和教室外的凳子上；

（5）非紧急情况不得随意使用消防器材（训练除外）；

（6）不得倚靠在实训装置上；

（7）在实训基地、教室里不得打骂和嬉闹；

（8）使用后的清洁用具按规定放置整齐。

2．用电安全

（1）进行实训之前必须了解室内总电源开关与分电源开关的位置，以便发生用电事故时及时切断电源。

（2）在启动仪表柜电源前必须弄清楚每个开关的作用。

（3）启动电机前先盘车，通电后立即查看电机是否启动，若启动异常，应立即断电，避免电机烧毁。

（4）本装置采用电热棒加热导热油，在向导热油炉通电之前，一定要确保加热棒完全浸没在液体中。

（5）在实训过程中，如果发生停电情况，必须切断电闸，以防操作人员离开现场后，因突然供电而导致电器设备在无人看管下运行。

（6）不要打开仪表控制柜的后盖和强电桥架盖，电器出现故障时应请专业人员进行电器的维修。

3．烫伤的防护

本装置的导热油循环管线中的物料温度很高，应注意防护，以免烫伤。

4．环保

不得随意丢弃化学品，不得随意乱扔垃圾，应避免水、能源和其他资源的浪费，保持实训基地的环境卫生。本实训装置无"三废"产生。在实验过程中，要注意不能发生热油的跑、冒、滴、漏。

（三）试剂管理

硅胶的主要成分是二氧化硅，其化学性质稳定、无毒。硅胶有很强的吸附能力，能对人的皮肤产生干燥作用。因此使用硅胶颗粒的注意事项如下：

（1）若硅胶进入眼中，需用大量水冲洗，并尽快找医生治疗；

（2）蓝色硅胶由于含有少量的氯化钴，有毒，应避免和食品接触以及吸入口中，如发生中毒事件应立即找医生治疗。

◆ 任务计划与实施

表 6-6 工作任务计划与实施表

专业		班级		姓名		学号	
组别		任务名称		干燥实际操作		参考学时	8
任务描述	以小组为单位完成流化床干燥实训装置的冷态开车、正常操作与正常停车等操作						
任务计划及实施过程							

◆ 任务评价

表 6-7 工作任务评价单

班级		姓名		学号		成绩	
组别		任务名称		干燥实际操作		参考学时	8
序号	评价内容		分数	自评分	互评分	组长或教师评分	
1	课前准备（课前预习情况）		5				
2	知识链接（完成情况）		25				
3	任务计划与实施		35				
4	实训效果		30				
5	遵守课堂纪律		5				
总分			100				
综合评价（自评分×20%+互评分×40%+组长或教师评分×40%）							
组长签字：				教师签字：			

思 考 题

1. 什么是流化床干燥？
2. 流化床由哪些部分组成？
3. 流化床干燥器的工作原理是什么？
4. 流化床干燥器的应用范围是什么？
5. 选用干燥器时，如何综合考虑物料的各种因素？

附　　录

一、实训报告格式

针对项目任务的具体内容，每次任务结束后应撰写实训报告。实训报告要求简洁明了，数据和图表完整，条件清楚，结论正确，有讨论和分析比较。实训报告格式和内容要求如下。

××学院（校）实验实习（训）报告

课程_____学院_____班级_____姓名_____
日期_____指导教师_____成绩_____
任务名称_____
实训内容：

1．实训目的

明确本次实训的目的和与理论教学内容的关系。

2．预习要求

对实训的基本知识进行预习。

3．实训原理

阐述所实训的单元操作的基本原理和理论依据。

4．主要设备与工艺流程

描述工艺的主要流程和典型设备的工作原理。

5．操作步骤

记录冷态开车、正常操作、正常停车等的详细操作步骤。

6．操作数据记录

记录实训过程中的原始数据。

7．数据整理及计算

运用数理统计方法对实训数据进行整理、计算、汇总及分析。

8．结果（图示、列表、公式）

以图示、列表、公式等方式表达数据分析的结果。

9．分析与总结（结果的评价、操作的总结）

对本次实训进行总结，包括操作总结和个人总结。

二、化工总控工国家职业标准

（一）职业概况

1．职业名称

化工总控工。

2．职业定义

操作总控室的仪表、计算机等，监控或调节一个或多个单元反应或单元操作，将原料经化学反应或物理处理过程制成合格产品的人员。

3．职业等级

本职业共设五个等级，分别为：初级（国家职业资格五级）、中级（国家职业资格四级）、高级（国家职业资格三级）、技师（国家职业资格二级）、高级技师（国家职业资格一级）。

4．职业环境

室内，常温，存在一定的有毒有害气体、粉尘、烟尘和噪声。

5．职业能力特征

身体健康，具有一定的学习、理解和表达能力，四肢灵活，动作协调，听、嗅觉较灵敏，视力良好，具有分辨颜色的能力。

6．基本文化程度

高中毕业（或同等学历）。

7．培训要求

1）培训期限

全日制职业学校教育，根据其培养目标和教学计划确定。晋级培训期限：初级不少于 360 标准学时；中级不少于 300 标准学时；高级不少于 240 标准学时；技师不少于 200 标准学时；高级技师不少于 200 标准学时。

2）培训教师

培训初、中级的教师应具有本职业高级及以上职业资格证书或本专业中级及以上专业技术职务任职资格；培训高级的教师应具有本职业技师及以上职业资格证书或本专业高级专业技术职务任职资格；培训技师的教师应具有本职业高级技师职业资格证书、本职业技师职业资格证书 3 年以上或本专业高级专业技术职务任职资格 2 年以上；培训高级技师的教师应具有本职业高级技师职业资格证书 3 年以上或本专业高级专业技术职务任职资格 3 年以上。

3）培训场地

理论培训场地应为可容纳 20 名以上学员的标准教室，设施完善。实际操作培训场所应为具有本职业必备设备的场地。

8．鉴定要求

1）适用对象

从事或准备从事本职业的人员。

2）申报条件

——**初级**（具备以下条件之一）

① 经本职业初级正规培训达规定标准学时数，并取得结业证书。

② 在本职业连续见习工作 2 年以上。

——**中级**（具备以下条件之一）

① 取得本职业或相关职业初级职业资格证书后，连续从事本职业工作 2 年以上，经本职

业中级正规培训达规定标准学时数，并取得结业证书。

②取得本职业或相关职业初级职业资格证书后，连续从事本职业工作 4 年以上。

③取得与本职业相关职业中级职业资格证书后，连续从事本职业工作 2 年以上。

④连续从事本职业工作 5 年以上。

⑤取得经劳动保障行政部门审核认定的、以中级技能为培养目标的中等以上职业学校本职业（专业）毕业证书。

——高级（具备以下条件之一）

①取得本职业中级职业资格证书后，连续从事本职业工作 3 年以上，经本职业高级正规培训达规定标准学时数，并取得结业证书。

②取得本职业中级职业资格证书后，连续从事本职业工作 5 年以上。

③取得高级技工学校或经劳动保障行政部门审核认定的、以高级技能为培养目标的高等职业学校本职业（专业）毕业证书。

④大专以上本专业或相关专业毕业生，连续从事本职业工作 2 年以上。

——技师（具备以下条件之一）

①取得本职业高级职业资格证书后，连续从事本职业工作 3 年以上，经本职业技师正规培训达规定标准学时数，并取得结业证书。

②取得本职业高级职业资格证书后，连续从事本职业工作 5 年以上。

③高等技工学校或经劳动保障行政部门审核认定的、以高级技能为培养目标的高等职业学校本职业（专业）毕业生，连续从事本职业工作 2 年以上。

④大专以上本专业或相关专业毕业生，取得本职业高级职业资格证书后，连续从事本职业工作 2 年以上。

——**高级技师**（具备以下条件之一）

①取得本职业技师职业资格证书后，连续从事本职业工作 3 年以上，经本职业高级技师正规培训达规定标准学时数，并取得结业证书。

②取得本职业技师职业资格证书后，连续从事本职业工作 5 年以上。

3）鉴定方式

本职业覆盖不同种类的化工产品的生产，根据申报人实际的操作单元选择相应的理论知识和技能要求进行鉴定。理论知识考试采用闭卷笔试方式，技能操作考核采用现场实际操作、模拟操作、闭卷笔试、答辩等方式。理论知识考试和技能操作考核均实行百分制，成绩皆达到 60 分及以上者为合格。技师和高级技师还须进行综合评审。

4）考评人员与考生配比

理论知识考试考评人员与考生配比为 1:15，每个标准教室不少于 2 名考评人员；技能操作考核考评员与考生配比为 1:3，且不少于 3 名考评员。综合评审委员会成员不少于 5 人。

5）鉴定时间

理论知识考试时间不少于 90 分钟，技能操作考核时间不少于 60 分钟，综合评审时间不少于 30 分钟。

6）鉴定场所设备

理论知识考试在标准教室进行。技能操作考核在模拟操作室、生产装置或标准教室进行。

（二）基本要求

1. 职业道德

（1）职业道德基本知识。

（2）职业守则：

① 爱岗敬业，忠于职守；

② 按章操作，确保安全；

③ 认真负责，诚实守信；

④ 遵规守纪，着装规范；

⑤ 团结协作，相互尊重；

⑥ 节约成本，降耗增效；

⑦ 保护环境，文明生产；

⑧ 不断学习，努力创新。

2. 基础知识

（1）化学基础知识：

① 无机化学基本知识；

② 有机化学基本知识；

③ 分析化学基本知识；

④ 物理化学基本知识。

（2）化工基础知识。

① 流体力学知识：

a. 流体的物理性质及分类；

b. 流体静力学；

c. 流体输送基本知识。

② 传热知识：

a. 传热的基本概念；

b. 传热的基本方程；

c. 传热应用知识。

③ 传质知识：

a. 传质的基本概念；

b. 传质的基本原理。

④ 压缩、制冷基础知识：

a. 压缩基础知识；

b. 制冷基础知识。

⑤ 干燥知识：

a. 干燥的基本概念；

b. 干燥的操作方式及基本原理；

c. 干燥的影响因素。

⑥ 精馏知识：

a. 精馏的基本原理；

b. 精馏的流程；

c. 精馏塔的操作；

d. 精馏的影响因素。

⑦ 结晶基础知识；

⑧ 气体吸收的基本原理。

⑨ 蒸发基础知识。

⑩ 萃取基础知识。

（3）催化剂基础知识。

（4）识图知识：

① 投影的基本知识；

② 三视图；

③ 工艺流程图和设备结构图。

（5）分析检验知识：

① 分析检验常识；

② 主要分析项目、取样点、分析频次及指标范围。

（6）化工机械与设备知识：

① 设备的工作原理；

② 设备维护保养基本知识；

③ 设备安全使用常识。

（7）电工、电器、仪表知识：

① 电工基本概念；

② 直流电与交流电知识；

③ 安全用电知识；

④ 仪表的基本概念；

⑤ 常用温度、压力、液位、流量（计）、湿度（计）知识；

⑥ 误差知识；

⑦ 本岗位所使用的仪表、电器、计算机的性能、规格、使用和维护知识；

⑧ 常规仪表、智能仪表、集散控制系统（DCS、FCS）使用知识。

（8）计量知识：

① 计量与计量单位；

② 计量国际单位制；

③ 法定计量单位基本换算。

（9）安全及环境保护知识：

① 防火、防爆、防腐蚀、防静电、防中毒知识；

② 安全技术规程；

③ 环保基础知识；

④ 废水、废气、废渣的性质、处理方法和排放标准；

⑤ 压力容器的操作安全知识；

⑥ 高温高压、有毒有害、易燃易爆、冷冻剂等特殊介质的特性及安全知识；

⑦ 现场急救知识。

（10）消防知识：

① 物料的危险性及特点；

② 灭火的基本原理及方法；

③ 常用灭火设备及器具的性能和使用方法。

（11）相关法律、法规知识：

① 劳动法相关知识；

② 安全生产法及化工安全生产法规相关知识；

③ 化学危险品管理条例相关知识；

④ 职业病防治法及化工职业卫生法规相关知识。

3．工作要求

本标准对初级、中级、高级、技师、高级技师的技能要求依次递进，高级别涵盖低级别的要求。

1）初级

职业功能	工作内容	技能要求	相关知识
一、开车准备	（一）工艺文件准备	1．能识读、绘制工艺流程简图； 2．能识读本岗位主要设备的结构简图； 3．能识记本岗位操作规程	1．流程图各种符号的含义； 2．化工设备图形代号知识； 3．本岗位操作规程、工艺技术规程
	（二）设备检查	1．能确认盲板是否抽堵、阀门是否完好、管路是否通畅； 2．能检查记录报表、用品、防护器材是否齐全； 3．能确认应开、应关阀门的阀位； 4．能检查现场与总控室内压力、温度、液位、阀位等仪表指示是否一致	1．盲板抽堵知识； 2．本岗位常用器具的规格、型号及使用知识； 3．设备、管道检查知识； 4．本岗位总控系统基本知识
	（三）物料准备	能引进本岗位水、气、汽等公用工程介质	公用工程介质的物理、化学特征
二、总控操作	（一）运行操作	1．能进行自控仪表、计算机控制系统的台面操作； 2．能利用总控仪表和计算机控制系统对现场进行遥控操作及切换操作； 3．能根据指令调整本岗位的主要工艺参数； 4．能进行常用计量单位换算； 5．能完成日常的巡回检查； 6．能填写各种生产记录； 7．能悬挂各种警示牌	1．生产控制指标及调节知识； 2．各项工艺指标的制定标准和依据； 3．计量单位换算知识； 4．巡回检查知识； 5．警示牌的类别及挂牌要求
	（二）设备维护保养	1．能保持总控仪表、计算机的清洁卫生； 2．能保持打印机的清洁、完好	仪表、控制系统维护知识
三、事故判断与处理	（一）事故判断	1．能判断设备的温度、压力、液位、流量异常等故障； 2．能判断传动设备的跳车事故	1．装置运行参数； 2．跳车事故的判断方法
	（二）事故处理	1．能处理酸、碱等腐蚀介质的灼伤事故； 2．能按指令切断事故物料	1．酸、碱等腐蚀介质灼伤事故的处理方法； 2．有毒有害物料的理化性质

2）中级

职业功能	工作内容	技能要求	相关知识
一、开车准备	（一）工艺文件准备	1. 能识读并绘制带控制点的工艺流程图（PID）； 2. 能绘制主要设备结构简图； 3. 能识读工艺配管图； 4. 能识记工艺技术规程	1. 带控制点的工艺流程图中控制点符号的含义； 2. 设备结构图绘制方法； 3. 工艺管道轴测图绘制知识； 4. 工艺技术规程知识
	（二）设备检查	1. 能完成本岗位设备的查漏、置换操作； 2. 能确认本岗位电气、仪表是否正常； 3. 能检查确认安全阀、爆破膜等安全附件是否处于备用状态	1. 压力容器操作知识； 2. 仪表连锁、报警基本原理； 3. 连锁设定值，安全阀设定值、校验值，安全阀校验周期知识
	（三）物料准备	能将本岗位原料、辅料引进界区	本岗位原料、辅料的理化特性及规格知识
二、总控操作	（一）开车操作	1. 能按操作规程进行开车操作； 2. 能将各工艺参数调节至正常指标范围； 3. 能进行投料配比计算	1. 本岗位开车操作步骤； 2. 本岗位开车操作注意事项； 3. 工艺参数调节方法； 4. 物料配方计算知识
	（二）运行操作	1. 能操作总控仪表、计算机控制系统对本岗位的全部工艺参数进行跟踪、监控和调节，并能指挥进行参数调节； 2. 能根据中控分析结果和质量要求调整本岗位的操作； 3. 能进行物料衡算	1. 生产控制参数的调节方法； 2. 中控分析基本知识； 3. 物料衡算知识
	（三）停车操作	1. 能按操作规程进行停车操作； 2. 能完成本岗位介质的排空、置换操作； 3. 能完成本岗位机、泵、管线、容器等设备的清洗、排空操作； 4. 能确认本岗位阀门处于停车时的开闭状态	1. 本岗位停车操作步骤； 2. "三废"排放点、"三废"处理要求； 3. 介质排空、置换知识； 4. 岗位停车要求
三、事故判断与处理	（一）事故判断	1. 能判断物料中断事故； 2. 能判断跑料、串料等工艺事故； 3. 能判断停水、停电、停气、停汽等突发事故； 4. 能判断常见的设备、仪表故障； 5. 能根据产品质量标准判断产品质量事故	1. 设备运行参数； 2. 岗位常见事故的原因分析知识； 3. 产品质量标准
	（二）事故处理	1. 能处理温度、压力、液位、流量异常等故障； 2. 能处理物料中断事故； 3. 能处理跑料、串料等工艺事故； 4. 能处理停水、停电、停气、停汽等突发事故； 5. 能处理产品质量事故； 6. 能发现相应的事故信号	1. 设备温度、压力、液位、流量异常的处理方法； 2. 物料中断事故的处理方法； 3. 跑料、串料事故的处理方法； 4. 停水、停电、停气、停汽等突发事故的处理方法； 5. 产品质量事故的处理方法； 6. 事故信号知识

3）高级

职业功能	工作内容	技能要求	相关知识
一、开车准备	（一）工艺文件准备	1. 能绘制工艺配管简图； 2. 能识读仪表连锁图； 3. 能识记工艺技术文件	1. 工艺配管图绘制知识； 2. 仪表连锁图知识； 3. 工艺技术文件知识
	（二）设备检查	1. 能完成多岗位化工设备的单机试运行； 2. 能完成多岗位试压、查漏、气密性试验、置换工作； 3. 能完成多岗位水联动试车操作； 4. 能确认多岗位设备、电气、仪表是否符合开车要求； 5. 能确认多岗位的仪表连锁、报警设定值以及控制阀阀位； 6. 能确认多岗位开车前准备工作是否符合开车要求	1. 化工设备知识； 2. 装置气密性试验知识； 3. 开车需具备的条件

续表

职业功能	工作内容	技能要求	相关知识
一、开车准备	（三）物料准备	1. 能指挥引进多岗位的原料、辅料到界区； 2. 能确认原料、辅料和公用工程介质是否满足开车要求	公用工程运行参数
二、总控操作	（一）开车操作	1. 能按操作规程完成多岗位的开车操作； 2. 能指挥多岗位的开车工作； 3. 能将多岗位的工艺参数调节至正常指标范围内	1. 相关岗位的操作法； 2. 相关岗位操作注意事项
	（二）运行操作	1. 能进行多岗位的工艺优化操作； 2. 能根据控制参数的变化判断产品质量； 3. 能进行催化剂还原、钝化等特殊操作； 4. 能进行热量衡算； 5. 能进行班组经济核算	1. 岗位单元操作原理、反应机理； 2. 操作参数对产品理化性质的影响； 3. 催化剂升温还原、钝化等操作方法及注意事项； 4. 热量衡算知识； 5. 班组经济核算知识
	（三）停车操作	1. 能按工艺操作规程要求完成多岗位停车操作； 2. 能指挥多岗位完成介质的排空、置换操作； 3. 能确认多岗位阀门处于停车时的开闭状态	1. 装置排空、置换知识； 2. 装置"三废"名称及"三废"排放标准、"三废"处理的基本工作原理； 3. 设备安全交出检修的规定
三、事故判断与处理	（一）事故判断	1. 能根据操作参数、分析数据判断装置事故隐患； 2. 能分析、判断仪表连锁动作的原因	1. 装置事故的判断和处理方法； 2. 操作参数超指标的原因
	（二）事故处理	1. 能根据操作参数、分析数据处理事故隐患； 2. 能处理仪表连锁跳车事故	1. 事故隐患处理方法； 2. 仪表连锁跳车事故的处理方法

4）技师

职业功能	工作内容	技能要求	相关知识
一、总控操作	（一）开车准备	1. 能编写装置开车前的吹扫、气密性试验、置换等操作方案； 2. 能完成装置开车工艺流程的确认； 3. 能完成装置开车条件的确认； 4. 能识读设备装配图； 5. 能绘制技术改造简图	1. 吹扫、气密性试验、置换方案编写要求； 2. 机械、电气、仪表、安全、环保、质量等相关岗位的基础知识； 3. 机械制图基础知识
	（二）运行操作	1. 能指挥装置的开车、停车操作； 2. 能完成装置技术改造项目实施后的开车、停车操作； 3. 能指挥装置停车后的排空、置换操作； 4. 能控制并降低停车过程中的物料及能源消耗； 5. 能参与新装置及装置改造后的验收工作； 6. 能进行主要设备效能计算； 7. 能进行数据统计和处理	1. 装置技术改造方案实施知识； 2. 物料回收方法； 3. 装置验收知识； 4. 设备效能计算知识； 5. 数据统计处理知识
二、事故判断与处理	（一）事故判断	1. 能判断装置温度、压力、流量、液位等参数大幅度波动的事故原因； 2. 能分析电气、仪表、设备等事故	1. 装置温度、压力、流量、液位等参数大幅度波动的原因分析方法； 2. 电气、仪表、设备等事故原因的分析方法
	（二）事故处理	1. 能处理装置温度、压力、流量、液位等参数大幅度波动事故； 2. 能组织装置事故停车后恢复生产的工作； 3. 能组织演练事故应急预案	1. 装置温度、压力、流量、液位等参数大幅度波动的处理方法； 2. 装置事故停车后恢复生产的要求； 3. 事故应急预案知识
三、管理	（一）质量管理	能组织开展质量攻关活动	质量管理知识
	（二）生产管理	1. 能指导班组进行经济活动分析； 2. 能应用统计技术对生产工况进行分析； 3. 能参与装置的性能负荷测试工作	1. 工艺技术管理知识； 2. 统计基础知识； 3. 装置性能负荷测试要求
四、培训与指导	（一）理论培训	1. 能撰写生产技术总结； 2. 能编写常见事故处理预案； 3. 能对初级、中级、高级操作人员进行理论培训	1. 技术总结撰写知识； 2. 事故预案编写知识
	（二）操作指导	1. 能传授特有操作技能和经验； 2. 能对初级、中级、高级操作人员进行现场培训指导	

5）高级技师

职业功能	工作内容	技能要求	相关知识
一、总控操作	（一）开车准备	1. 能编写装置技术改造后的开车、停车方案； 2. 能参与改造项目工艺图纸的审定	1. 装置的有关设计资料知识； 2. 装置的技术文件知识； 3. 同类型装置的工艺、生产控制技术知识； 4. 装置优化计算知识； 5. 产品物料、热量衡算知识
	（二）运行操作	1. 能组织完成同类型装置的联动试车、投产试车； 2. 能编制优化生产方案并组织实施； 3. 能组织实施同类型装置的停车检修； 4. 能进行装置或产品物料平衡、热量平衡的工程计算； 5. 能进行装置优化的相关计算； 6. 能绘制主要设备结构图	
二、事故判断与处理	（一）事故判断	1. 能判断反应突然终止等工艺事故； 2. 能判断有毒有害物料泄漏等设备事故； 3. 能判断着火、爆炸等重大事故	1. 化学反应突然终止的判断及处理方法； 2. 有毒有害物料泄漏的判断及处理方法； 3. 着火、爆炸事故的判断及处理方法
	（二）事故处理	1. 能处理反应突然终止等工艺事故； 2. 能处理有毒有害物料泄漏等设备事故； 3. 能处理着火、爆炸等重大事故； 4. 能落实装置安全生产的措施	
三、管理	（一）质量管理	1. 能编写提高产品质量的方案并组织实施； 2. 能按质量管理体系的要求指导工作	1. 影响产品质量的因素； 2. 质量管理体系相关知识
	（二）生产管理	1. 能组织实施装置的技术改造项目； 2. 能进行装置经济活动分析	1. 实施项目技术改造的相关知识； 2. 装置技术经济指标知识
	（三）技术改进	1. 能编写工艺、设备改进方案； 2. 能审定重大技术改造方案	1. 工艺、设备改进方案的编写要求； 2. 技术改造方案的编写知识
四、培训与指导	（一）理论培训	1. 能撰写技术论文； 2. 能编写培训大纲	1. 技术论文撰写知识； 2. 培训教案、教学大纲的编写知识； 3. 本职业的理论及实践操作知识
	（二）操作指导	1. 能对技师进行现场指导； 2. 能系统讲授本职业的主要知识	

4．比重表

1）理论知识

项目		初级（%）	中级（%）	高级（%）	技师（%）	高级技师（%）
基本要求	职业道德	5	5	5	5	5
	基础知识	30	25	20	15	10
相关知识	开车准备　工艺文件准备	6	5	5	—	—
	设备检查	7	5	5	—	—
	物料准备	5	5	5	—	—
	总控操作　开车准备	—	—	—	15	10
	开车操作	—	10	9	—	—
	运行操作	35	20	18	25	20
	停车操作	—	7	8	—	—
	设备维护保养	2	—	—	—	—
	事故判断与处理　事故判断	4	8	10	12	15
	事故处理	6	10	15	15	15
	管理　质量管理	—	—	—	2	4
	生产管理	—	—	—	5	6
	技术改进	—	—	—	—	5
	培训与指导　理论培训	—	—	—	3	5
	操作指导	—	—	—	3	5
合计		100	100	100	100	100

2）技能操作

<table>
<tr><th colspan="3">项目</th><th>初级（%）</th><th>中级（%）</th><th>高级（%）</th><th>技师（%）</th><th>高级技师（%）</th></tr>
<tr><td rowspan="13">技能要求</td><td rowspan="3">开车准备</td><td>工艺文件准备</td><td>15</td><td>12</td><td>10</td><td>—</td><td>—</td></tr>
<tr><td>设备检查</td><td>10</td><td>6</td><td>5</td><td>—</td><td>—</td></tr>
<tr><td>物料准备</td><td>10</td><td>5</td><td>5</td><td>—</td><td>—</td></tr>
<tr><td rowspan="5">总控操作</td><td>开车准备</td><td>—</td><td>—</td><td>—</td><td>20</td><td>15</td></tr>
<tr><td>开车操作</td><td>—</td><td>10</td><td>10</td><td>—</td><td>—</td></tr>
<tr><td>运行操作</td><td>50</td><td>35</td><td>30</td><td>30</td><td>20</td></tr>
<tr><td>停车操作</td><td>—</td><td>10</td><td>10</td><td>—</td><td>—</td></tr>
<tr><td>设备维护保养</td><td>4</td><td>—</td><td>—</td><td>—</td><td>—</td></tr>
<tr><td rowspan="2">事故判断与处理</td><td>事故判断</td><td>5</td><td>12</td><td>15</td><td>17</td><td>16</td></tr>
<tr><td>事故处理</td><td>6</td><td>10</td><td>15</td><td>18</td><td>18</td></tr>
<tr><td rowspan="3">管理</td><td>质量管理</td><td>—</td><td>—</td><td>—</td><td>5</td><td>5</td></tr>
<tr><td>生产管理</td><td>—</td><td>—</td><td>—</td><td>6</td><td>10</td></tr>
<tr><td>技术改进</td><td>—</td><td>—</td><td>—</td><td>—</td><td>6</td></tr>
<tr><td rowspan="2">培训与指导</td><td>理论培训</td><td>—</td><td>—</td><td>—</td><td>2</td><td>5</td></tr>
<tr><td>操作指导</td><td>—</td><td>—</td><td>—</td><td>2</td><td>5</td></tr>
<tr><td colspan="3">合计</td><td>100</td><td>100</td><td>100</td><td>100</td><td>100</td></tr>
</table>

三、物料的物理性质

（一）水的物理性质

常压下水的物理性质如附表 1 所示。

附表 1　水的物理性质（101.33 kPa）

温度 t/℃	饱和蒸气压 p/kPa	密度 ρ/(kg·m^{-3})	焓 H/(kJ·kg^{-1})	比定压热容 c_p/(kJ·kg^{-1}·K^{-1})	黏度 μ/($\times 10^{-5}$ Pa·s)	表面张力 σ/($\times 10^{-3}$ N·m^{-1})
0	0.608 2	999.9	0	4.212	179.21	75.6
10	1.226 2	999.7	42.04	4.197	130.77	74.1
20	2.334 6	998.2	83.90	4.183	100.50	72.6
30	4.247 4	995.7	125.69	4.174	80.07	71.2
40	7.376 6	992.2	165.71	4.174	65.60	69.6
50	12.310 0	988.1	209.30	4.174	54.94	67.7
60	19.932 0	983.2	251.12	4.178	46.88	66.2
70	31.164 0	977.8	292.99	4.178	40.61	64.3
80	47.379 0	971.8	334.94	4.195	35.65	62.6
90	70.136 0	965.3	376.98	4.208	31.65	60.7
100	101.330 0	958.4	419.10	4.220	28.38	58.8

（二）干空气的物理性质

常压下干空气的物理性质如附表 2 所示。

附表 2　干空气的物理性质（101.33 kPa）

温度 $t/℃$	密度 $\rho/(kg \cdot m^{-3})$	比热 $c/(kJ \cdot kg^{-1} \cdot ℃^{-1})$	导热系数 λ $/(×10^{-2} W \cdot m^{-1} \cdot ℃^{-1})$	黏度 μ $/(×10^{-5} Pa \cdot s)$	普兰特数 Pr
−50	1.584	1.013	2.035	1.46	0.728
−40	1.515	1.013	2.117	1.52	0.728
−30	1.453	1.013	2.198	1.57	0.723
−20	1.395	1.009	2.279	1.62	0.716
−10	1.342	1.009	2.360	1.67	0.712
0	1.293	1.009	2.442	1.72	0.707
10	1.247	1.009	2.512	1.77	0.705
20	1.205	1.013	2.593	1.81	0.703
30	1.165	1.013	2.675	1.86	0.701
40	1.128	1.013	2.756	1.91	0.699
50	1.093	1.017	2.826	1.96	0.698
60	1.060	1.017	2.896	2.01	0.696
70	1.029	1.017	2.966	2.06	0.694
80	1.000	1.022	3.047	2.11	0.692
90	0.972	1.022	3.128	2.15	0.690
100	0.946	1.022	3.210	2.19	0.688
120	0.898	1.026	3.338	2.29	0.686
140	0.854	1.026	3.489	2.37	0.684
160	0.815	1.026	3.640	2.45	0.682
180	0.779	1.034	3.780	2.53	0.681
200	0.746	1.034	3.931	2.60	0.680
250	0.674	1.043	4.268	2.74	0.677
300	0.615	1.047	4.605	2.97	0.674
350	0.566	1.055	4.908	3.14	0.676
400	0.524	1.068	5.210	3.31	0.678
500	0.456	1.072	5.745	3.62	0.687
600	0.404	1.089	6.222	3.91	0.699
700	0.362	1.102	6.711	4.18	0.706
800	0.329	1.114	7.176	4.43	0.713
900	0.301	1.127	7.630	4.67	0.717
1 000	0.277	1.139	8.071	4.90	0.719
1 100	0.257	1.152	8.502	5.12	0.722
1 200	0.239	1.164	9.153	5.35	0.724

（三）水蒸气的性质

饱和水蒸气的性质如附表 3 所示。

附表 3　饱和水蒸气表

温度 ℃	绝对压力 kPa	蒸汽比容 m³/kg	蒸汽密度 kg/m³	液体焓 kJ/kg	蒸汽焓 kJ/kg	汽化热 kJ/kg
0	0.61	206.500 00	0.004 8	0.00	2 491.3	2 491.3
5	0.87	147.100 00	0.006 8	20.94	2 500.9	2 480.0
10	1.23	106.400 00	0.009 4	41.87	2 510.5	2 468.6
15	1.71	77.900 00	0.012 8	62.81	2 520.6	2 457.8
20	2.33	57.800 00	0.017 2	83.74	2 530.1	2 446.3
25	3.17	43.400 00	0.023 0	104.68	2 538.6	2 433.9
30	4.25	32.930 00	0.030 4	125.60	2 549.5	2 423.7
35	5.62	25.250 00	0.039 6	146.55	2 559.1	2 412.6

续表

温　度	绝对压力	蒸汽比容	蒸汽密度	液体焓	蒸汽焓	汽化热
℃	kPa	m³/kg	kg/m³	kJ/kg	kJ/kg	kJ/kg
40	7.37	19.550 00	0.051 1	167.47	2 568.7	2 401.1
45	9.58	15.280 00	0.065 4	188.42	2 577.9	2 389.5
50	14.98	12.054 00	0.083 0	209.34	2 587.6	2 378.1
55	15.74	9.589 00	0.104 3	230.29	2 596.8	2 366.5
60	19.92	7.687 00	0.130 1	251.21	2 606.3	2 355.1
65	25.01	6.209 00	0.161 1	272.16	2 615.6	2 343.4
70	31.16	5.052 00	0.197 9	293.08	2 624.4	2 331.2
75	38.50	4.139 00	0.241 6	314.03	2 629.7	2 315.7
80	47.40	3.414 00	0.292 9	334.94	2 642.4	2 307.3
85	57.90	2.832 00	0.353 1	355.90	2 651.2	2 295.3
90	70.10	2.365 00	0.422 9	376.81	2 660.0	2 283.1
95	84.50	1.985 00	0.503 9	397.77	2 668.8	2 271.0
100	101.30	1.675 00	0.597 0	418.68	2 677.2	2 258.4
105	120.80	1.421 00	0.703 6	439.64	2 685.1	2 245.5
110	143.30	1.212 00	0.825 4	460.97	2 693.5	2 232.4
115	170.00	1.038 00	0.963 5	481.51	2 702.5	2 221.0
120	198.60	0.893 00	1.119 9	503.67	2 708.9	2 205.2
125	232.10	0.771 50	1.296 0	523.38	2 716.5	2 193.1
130	270.20	0.669 30	1.494 0	546.38	2 723.9	2 177.6
135	313.00	0.583 10	1.715 0	565.25	2 731.2	2 166.0
140	361.40	0.509 60	1.962 0	589.08	2 737.8	2 148.7
145	415.60	0.446 90	2.238 0	607.12	2 744.6	2 137.5
150	476.10	0.393 30	2.543 0	632.21	2 750.7	2 118.5
160	618.10	0.307 50	3.252 0	675.75	2 762.9	2 087.1
170	792.40	0.243 10	4.113 0	719.29	2 773.3	2 054.0
180	1 003.00	0.194 40	5.145 0	763.25	2 782.6	2 019.3
190	1 255.00	0.156 80	6.378 0	807.63	2 790.1	1 982.5
200	1 554.00	0.127 60	7.840 0	852.01	2 795.5	1 943.5
210	1 917.00	0.104 50	9.569 0	897.23	2 799.3	1 902.1
220	2 320.00	0.086 20	11.600 0	942.45	2 801.0	1 858.5
230	2 797.00	0.071 55	13.980 0	988.50	2 800.1	1 811.6
240	3 347.00	0.059 67	16.760 0	1 034.56	2 796.8	1 762.2
250	3 976.00	0.049 98	20.010 0	1 081.45	2 790.1	1 708.6
260	4 693.00	0.041 99	23.820 0	1 128.76	2 780.9	1 652.1
270	5 503.00	0.035 38	28.270 0	1 176.91	2 760.3	1 591.4
280	6 220.00	0.029 88	33.470 0	1 225.48	2 752.0	1 526.5
290	7 442.00	0.025 25	39.600 0	1 274.46	2 732.3	1 457.8
300	8 591.00	0.021 31	46.930 0	1 325.54	2 708.0	1 382.5
310	9 876.00	0.017 99	55.590 0	1 378.71	2 680.0	1 301.3
320	11 300.00	0.015 16	65.950 0	1 436.07	2 648.2	1 212.1
330	12 880.00	0.012 73	78.530 0	1 446.78	2 610.5	1 113.7
340	14 510.00	0.010 64	93.980 0	1 562.93	2 568.6	1 005.7
350	16 530.00	0.008 84	113.200 0	1 632.20	2 516.7	880.5

（四）乙醇－水体系的平衡数据

乙醇-水溶液体系的平衡数据如附表 4 所示。

附表 4　常压下乙醇-水体系的平衡数据

液相中乙醇的摩尔分数	气相中乙醇的摩尔分数
0.00	0.000
0.01	0.110
0.02	0.175
0.04	0.273
0.06	0.340
0.08	0.392
0.10	0.430
0.14	0.482
0.18	0.513
0.20	0.525
0.25	0.551
0.30	0.575
0.35	0.595
0.40	0.614
0.45	0.635
0.50	0.657
0.55	0.678
0.60	0.698
0.65	0.725
0.70	0.755
0.75	0.785
0.80	0.820
0.85	0.855
0.89	0.894
0.90	0.898
0.95	0.942
1.00	1.000

（五）乙醇－水体系组成与温度的关系

常压下不同温度乙醇-水体系的组成如附表 5 所示。

附表 5　不同温度乙醇-水体系的组成（101.3 kPa）

液相组成		气相组成		沸点/℃
乙醇的质量分数/%	乙醇的摩尔分数/%	乙醇的质量分数/%	乙醇的摩尔分数/%	
0.01	0.004	0.13	0.053	99.90
0.10	0.040	1.30	0.510	99.80
0.15	0.055	1.95	0.770	99.70
0.20	0.080	2.60	1.030	99.60
0.30	0.120	3.80	1.570	99.50
0.40	0.160	4.90	1.980	99.40

续表

液相组成		气相组成		沸点/℃
乙醇的质量分数/%	乙醇的摩尔分数/%	乙醇的质量分数/%	乙醇的摩尔分数/%	
0.50	0.190	6.10	2.480	99.30
0.60	0.230	7.10	2.900	99.20
0.70	0.270	8.10	3.330	99.10
0.80	0.310	9.00	3.725	99.00
0.90	0.350	9.90	4.120	98.90
1.00	0.390	10.10	4.200	98.750
2.00	0.750	19.70	8.760	97.65
3.00	1.190	27.20	12.750	96.65
4.00	1.610	33.30	16.340	95.80
5.00	2.010	37.00	18.680	94.95
6.00	2.430	41.00	21.450	94.15
7.00	2.860	44.60	23.960	93.35
8.00	3.290	47.60	26.210	92.60
9.00	3.730	50.00	28.120	91.90
10.00	4.160	52.20	29.920	91.30
11.00	4.610	54.10	31.560	90.80
12.00	5.070	55.80	33.060	90.50
13.00	5.510	57.40	34.510	89.70
14.00	5.980	58.80	35.830	89.20
15.00	6.460	60.00	36.980	89.00
16.00	6.860	61.10	38.060	88.30
17.00	7.410	62.20	39.160	87.90
18.00	7.950	63.20	40.180	87.70
19.00	8.410	64.30	41.270	87.40
20.00	8.920	65.00	42.090	87.00
21.00	9.420	65.80	42.940	86.70
22.00	9.930	66.60	43.820	86.40
23.00	10.480	67.30	44.610	86.20
24.00	11.000	68.00	45.410	85.95
25.00	11.530	68.60	46.080	85.70
26.00	12.080	69.30	46.900	85.40
27.00	12.640	69.80	47.490	85.20
28.00	13.190	70.30	48.080	85.00
29.00	13.770	70.80	48.680	84.80
30.00	14.350	71.30	49.300	84.70
31.00	14.950	71.70	49.770	84.50
32.00	15.550	72.10	50.270	84.30
33.00	16.150	72.50	50.780	84.20
34.00	16.770	72.90	51.270	83.85
35.00	17.410	73.80	51.670	83.75
36.00	18.030	73.50	52.040	83.70
37.00	18.680	73.80	52.430	83.50
38.00	19.370	74.00	52.680	83.40

续表

液相组成		气相组成		沸点/℃
乙醇的质量分数/%	乙醇的摩尔分数/%	乙醇的质量分数/%	乙醇的摩尔分数/%	
39.00	20.000	74.30	53.090	83.30
40.00	20.680	74.60	53.460	83.10
41.00	21.380	74.80	53.760	82.95
42.00	22.070	75.10	54.120	82.78
43.00	22.780	75.40	54.540	82.65
44.00	23.510	75.60	54.800	82.50
45.00	24.250	75.90	55.220	82.45
46.00	25.000	76.10	55.480	82.35
47.00	25.750	76.30	55.740	82.30
48.00	26.530	76.50	56.030	82.15
49.00	27.320	76.80	56.440	82.00
50.00	28.120	77.00	56.710	81.90
51.00	28.930	77.30	57.120	81.80
52.00	29.800	77.50	57.410	81.70
53.00	30.610	77.70	57.700	81.60
54.00	31.470	78.00	58.110	81.50
55.00	32.340	78.20	58.390	81.40
56.00	33.240	78.50	58.780	81.30
57.00	34.160	78.70	59.100	81.25
58.00	35.090	79.00	59.500	81.20
59.00	36.020	79.20	59.840	81.10
60.00	36.980	79.50	60.290	81.00
61.00	37.970	79.70	60.580	80.95
62.00	38.950	80.00	61.020	80.85
63.00	40.000	80.30	61.440	80.75
64.00	41.020	80.50	61.610	80.65
65.00	42.090	80.80	62.220	80.60
66.00	43.170	81.00	62.520	80.50
67.00	44.270	81.30	62.990	80.45
68.00	45.410	81.60	63.430	80.40
69.00	46.550	81.90	63.910	80.30
70.00	47.740	82.10	64.210	80.20
71.00	48.920	82.40	64.700	80.10
72.00	50.160	82.80	65.340	80.00
73.00	51.390	83.10	65.810	79.95
74.00	52.680	83.40	66.280	79.85
75.00	54.000	83.80	66.920	79.75
76.00	55.340	84.10	67.420	79.72
77.00	56.710	84.50	68.070	79.70
78.00	58.110	84.90	68.760	79.65
79.00	59.550	85.40	69.590	79.55
80.00	61.020	85.80	70.290	79.50
81.00	62.520	86.00	70.630	79.40

续表

液相组成		气相组成		沸点/℃
乙醇的质量分数/%	乙醇的摩尔分数/%	乙醇的质量分数/%	乙醇的摩尔分数/%	
82.00	64.050	86.70	71.860	79.30
83.00	65.640	87.20	72.710	79.20
84.00	67.270	87.70	73.610	79.10
85.00	68.920	88.30	74.690	78.95
86.00	70.630	88.90	75.820	78.85
87.00	72.360	89.50	76.930	78.75
88.00	74.150	90.10	78.000	78.65
89.00	75.990	90.70	79.260	78.60
90.00	77.880	91.30	80.420	78.50
91.00	79.820	92.00	81.830	78.40
92.00	81.830	92.70	83.260	78.30
93.00	83.870	93.50	84.910	78.27
94.00	85.970	94.20	86.400	78.20
95.00	88.130	95.10	88.130	78.18
95.57	89.410	95.60	89.410	78.15

（六）苯甲酸在水和煤油中的平衡浓度

苯甲酸在水和煤油中的平衡浓度如附表 6 所示。

附表 6 苯甲酸在水和煤油中的平衡浓度

（x_R：苯甲酸在煤油中的平衡浓度，kg 苯甲酸/kg 煤油；y_E：苯甲酸在水中的平衡浓度，kg 苯甲酸/kg 水）

15 ℃		20 ℃		25 ℃	
x_R	y_E	x_R	y_E	x_R	y_E
0.001 304	0.001 036	0.013 930	0.002 750	0.012 513	0.002 943
0.001 369	0.001 059	0.012 520	0.002 685	0.011 607	0.002 851
0.001 502	0.001 090	0.012 010	0.002 676	0.010 546	0.002 600
0.001 568	0.001 113	0.012 750	0.002 579	0.010 318	0.002 747
0.001 634	0.001 131	0.010 820	0.002 455	0.007 749	0.002 302
0.001 699	0.001 036	0.009 721	0.002 359	0.006 520	0.002 126
0.001 766	0.001 159	0.008 276	0.002 191		
0.001 832	0.001 171	0.007 220	0.002 055		
		0.006 384	0.001 890		
		0.001 897	0.001 179		
		0.005 279	0.001 697		
		0.003 994	0.001 539		
		0.003 072	0.001 323		
		0.002 048	0.001 059		
		0.001 175	0.000 769		

四、变频器的使用

变频器面板如附图 1 所示，其使用须遵循以下步骤。

（1）按下 $\boxed{\text{DSP FUN}}$ 键，若面板 LED 上显示 F_XXX（X 代表 0～9 中任意一位数字），则进入步骤（2）；如果仍然只显示数字，则继续按 $\boxed{\text{DSP FUN}}$ 键，直到面板 LED 上显示 F_XXX 再进入步骤（2）。

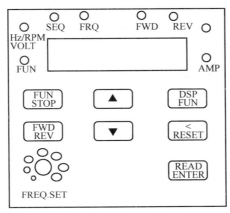

附图 1 变频器面板

（2）按动 $\boxed{\blacktriangle}$ 或 $\boxed{\blacktriangledown}$ 键选择所要修改的参数号，由于 N2 系列变频器面板 LED 能显示四位数字或字母，可以使用 $\boxed{\text{RESET}}$ 键横向选择所要修改的数字的位数，以加快修改速度，将 F_XXX 设置为 F_011 后，按下 $\boxed{\text{READ ENTER}}$ 键进入步骤（3）。

（3）按动 $\boxed{\blacktriangle}$、$\boxed{\blacktriangledown}$ 键及 $\boxed{\text{RESET}}$ 键设定或修改具体参数，将参数设置为 0000（或 0002）。

（4）按下 $\boxed{\text{READ ENTER}}$ 键确认，然后按下 $\boxed{\text{DSP FUN}}$ 键，将面板 LED 显示切换到频率显示的模式。

（5）按动 $\boxed{\blacktriangle}$、$\boxed{\blacktriangledown}$ 键及 $\boxed{\text{RESET}}$ 键设定需要的频率值，按下 $\boxed{\text{READ ENTER}}$ 键确认。

（6）按下 $\boxed{\text{FUN STOP}}$ 键运行或停止。

五、仪表的使用

（一）面板说明

仪表面板如附图 2 所示，主要包括以下七个部分。

（1）上显示窗。

（2）下显示窗。

（3）设置键。

（4）数据移位键。

（5）数据减小键。

（6）数据增大键。

（7）10 个 LED 指示灯，其中 MAN 灯灭表示自动控制状态，亮表示手动输出状态；PRG 表示仪表处于程序控制状态；MIO、OP1、OP2、AL1、AL2、AU1、AU2 分别对应模块的输入输出动作；COM 灯亮表示正与上位机进行通信。

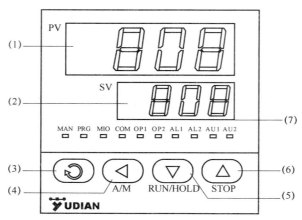

附图 2　仪表面板

（二）基本使用操作

1．显示切换

仪表显示状态如附图 3 所示，按🔄键可以切换显示状态。

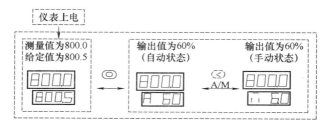

附图 3　仪表显示状态

2．修改数据

需要设置给定值时，将仪表切换到左侧的显示状态，即可通过按◁、▽或△键修改给定值。AI 仪表同时具备数据快速增减和小数点移位功能。按▽键减小数据，按△键增大数据，可修改数值位的小数点同时闪动（如同光标）。按住键不放，可以快速地增大/减小数值，并且速度会随着小数点右移自动加快（3 级速度）。按◁键可直接移动修改数据的位置（光标），操作快捷。

3．设置参数

在基本状态下按住🔄键约 2 秒钟，即进入参数设置状态，如附图 4 所示。在参数设置状态下按🔄键，仪表将依次显示各参数，例如上限报警值 HIAL、LOAL 等。用◁、▽、△等键可修改参数值。按住◁键不放，可返回显示上一参数。先按住◁键不放再按🔄键可退出参数设置状态。如果没有按键操作，约 30 秒钟后会自动退出参数设置状态。

附图 4　仪表参数设置

4．AI 人工智能调节及自整定（AT）操作

AI 人工智能调节算法是采用模糊规则进行 PID 调节的一种新型算法，在误差大时，采用模糊算法进行调节，可以消除 PID 饱和积分现象，当误差趋小时，采用改进后的 PID 算法进行调节，能在调节中自动学习和记忆被控对象的部分特征以使效果最优，具有无超调、精度高、参数确定简单、对复杂对象也能获得较好的控制效果等特点。AI 系列调节仪表还具备参数自整定功能，初次使用 AI 人工智能调节方式时，可启动自整定功能来协助确定 M5、P、t 等控制参数。将参数 Ctrl 设置为 2 启动仪表自整定功能，此时仪表下显示器将闪动显示"At"字样，表明仪表已进入自整定状态。自整定时仪表执行位式调节，经 2~3 次振荡后，仪表内部的微处理器通过分析位式控制产生的振荡的周期、幅度及波型自动计算出 M5、P、t 等控制参数。如果在自整定过程中要提前放弃自整定，可按住◁键约 2 秒钟，使仪表下显示器停止闪动"At"字样即可。系统不同，自整定需要的时间从数秒至数小时不等。仪表在自整定成功后，会将参数 Ctrl 设置为 3（出厂时为 1）或 4，这样之后无法从面板按◁键启动自整定，可以避免由于人为的误操作再次启动自整定。

系统在不同的给定值下整定得出的参数值不完全相同，执行自整定功能前，应将给定值设置在最常用值或中间值上。参数 Ctl（控制周期）及 dF（回差）的设置对自整定过程也有影响，一般来说，这 2 个参数的设定值越小，理论上自整定参数准确度越高。但 dF 值过小，仪表可能因输入波动而在给定值附近引起位式调节的误动作，这样反而可能整定出彻底错误的参数。推荐 Ctl=0~2，dF=2.0。此外，基于需要学习的原因，自整定结束后初次使用控制效果可能不是最佳，使用一段时间（一般与自整定需要的时间相同）后方可获得最佳效果。

AI 仪表的自整定功能具有较高的准确度，可满足超过 90%的用户的使用要求，但由于自动控制对象的复杂性，在一些特殊应用场合，自整定出的参数可能并不是最佳值，所以也可能需要人工调整 MPT 参数。在以下场合自整定结果可能无法使人满意：①滞后时间很长的系统；②使用行程时间长的阀门来控制响应快速的物理量（例如流量、某些压力等），自整定的 P、t 值常常偏大，手动自整定则可获得较准确的结果；③对于制冷系统及压力、流量等非温度类系统，M5 准确性较低，可根据定义（M5 等于手动输出值改变 5%时测量值对应发生的变化）来确定 M5；④其他特殊的系统，如非线性或时变型系统。如果正确地操作自整定却无法获得满意的控制效果，可人为修改 M5、P、t 参数。人工调整时注意观察系统响应曲线，如果是短周期振荡（与自整定或位式调节时的振荡周期相当或略长），可减小 P（优先），增大 M5 及 t；如果是长周期振荡（数倍于位式调节时的振荡周期），可增大 M5（优先），增大 P、t；如果无振荡而是静差太大，可减小 M5（优先），增大 P；如果最后能稳定控制但时间太长，可减小 t（优先），增大 P，减小 M5。调试时可采用逐试法，即将 MPT 参数之一增大或减小 30%~50%，如果控制效果变好，则继续增大或减小该参数，否则反方向调整，直到效果满足要求。一般可先修改 M5，如果无法满足要求再依次修改 P、t 和 Ctl 参数，直到满足要求为止。

参 考 文 献

[1] 杨祖荣. 化工原理[M]. 北京：高等教育出版社，2004.

[2] 陶贤平，何晓春. 化工单元操作实训[M]. 北京：化学工业出版社，2007.

[3] 杨成德，顾准，周国民. 化工单元操作与控制[M]. 北京：化学工业出版社，2010.

[4] 刘佩田，闫晖. 化工单元操作过程[M]. 北京：化学工业出版社，2004.

[5] 张裕萍，薛叙明. 流体输送与过滤操作实训[M]. 北京：化学工业出版社，2006.

[6] 潘文群，薛叙明. 传质与分离操作实训[M]. 北京：化学工业出版社，2006.

[7] 姚玉英，黄凤廉，陈常贵，等. 化工原理[M]. 天津：天津大学出版社，1996.

[8] 管国锋，冯晖，张若兰. 化工原理实验[M]. 南京：东南大学出版社，1996.

[9] 刘爱民，陈小荣. 化工单元操作实训[M]. 北京：化学工业出版社，2002.

[10] 周长丽，朱银惠. 化工单元操作实训[M]. 北京：化学工业出版社，2011.

[11] 侯丽新. 化工单元操作实训[M]. 北京：化学工业出版社，2009.

[12] 彭德萍，陈忠林，练学宁. 化工单元操作及过程[M]. 北京：化学工业出版社，2014.

[13] 李洪林. 化工单元操作技术（传质分离技术）[M]. 北京：化学工业出版社，2012.

[14] 陈兰英，李功祥，余林. 化工单元操作过程与设备[M]. 广州：华南理工大学出版社，2010.